陈巴尔虎旗

李东晖　编著

中国农业科学技术出版社

图书在版编目（CIP）数据

陈巴尔虎旗野生植物图鉴 / 李东晖编著. --北京：中国农业科学技术出版社，2023. 12

ISBN 978-7-5116-6647-5

Ⅰ. ①陈…　Ⅱ. ①李…　Ⅲ. ①野生植物－陈巴尔虎旗－图集　Ⅳ. ①Q948.522.64-64

中国国家版本馆CIP数据核字（2024）第017933号

责任编辑　姚　欢
责任校对　王　彦
责任印制　姜义伟　王思文

出 版 者　中国农业科学技术出版社
北京市中关村南大街12号　　邮编：100081
电　　话　（010）82106631（编辑室）　（010）82106624（发行部）
（010）82109709（读者服务部）
网　　址　https: // castp.caas.cn
经 销 者　各地新华书店
印 刷 者　北京地大彩印有限公司
开　　本　185 mm × 260 mm　1/16
印　　张　27.75
字　　数　600千字
版　　次　2023年12月第1版　　2023年12月第1次印刷
定　　价　350.00元

《陈巴尔虎旗野生植物图鉴》

编著委员会

主任委员	赵建波	陶　丽	赵　飞		
副主任委员	陈永洁	王建军	金　桩	严家强	巴达仁贵
主　编　著	李东晖				
副主编著	姜大志	巴特尔	李春红	巴德玛嘎日布	张冬梅
编著成员	李东晖	姜大志	巴特尔	李春红	巴德玛嘎日布
	张冬梅	包晓影	李艳秋	呼斯勒	孙玉玲
	巴达尔呼	敖登托娅	王伟共	潘　英	白青丹
	讷文静	萨如拉	罗小苓	肖丽颖	陈喜武
	宝　成	根　登	清　林	岳额尔敦加布	
	图　雅	敖敦花	乌兰哈斯	郝　宇	郭　磊
	张　东	青　林	永　梅	布　赫	刘志明
	王亚楠	窦文博	张建平	苏宁其其格	
	吴亚琴	图　雅	夏智敏	阿丽雅	于　波
	金　刚	桑斯尔			

前言

《陈巴尔虎旗野生植物图鉴》是根据陈巴尔虎旗草地资源调查、草地生产力监测、标本采集及拍照、鉴定、分类编成的，书中植物中文学名、拉丁学名主要参考了《内蒙古植物志》《东北草本植物志》《呼伦贝尔市野生植物》，以图鉴形式详细记录了陈巴尔虎旗森林、草原、湿地、沙地以及农田等环境条件下的野生植物，这是全体编著人员共同努力下才予以完成的重要成果。

本书共记录了野生植物89科328属685种，其中，蕨类植物11种，裸子植物3种，被子植物671种。

全书均为彩色图片，图片由李春红、张冬梅、巴德玛嘎日布、布赫、郝宇、蒋立宏、王伟共等同志拍摄。

在本书的编写过程中，我们邀请《呼伦贝尔市野生植物》的主编王伟共同志担任技术顾问，在此对王伟共同志给予的支持和帮助表示衷心的感谢！

本书编写的准备工作从多年前就开始了，借助草地资源调查、草原保护、草地生产力监测以及各种下乡工作开始拍照、采集野生植物标本，在此，对呼伦贝尔市林业和草原局、陈巴尔虎旗林业和草原局、那吉林场、特泥河林场和完工林场等单位给予的支持和帮助，表示诚挚的谢意。

由于编者水平有限，难免出现不妥之处，敬请读者批评指正。

《陈巴尔虎旗野生植物图鉴》编著委员会

2023年10月20日

目 录

蕨类植物门 Pteridophyta …… 1

一、卷柏科 Selaginellaceae …… 1

卷柏属 *Selaginella* Spring …… 1

卷柏 *Selaginella tamariscina*（Beauv.）Spring …… 1

二、木贼科 Equisetaceae …… 1

木贼属 *Equisetum* L. …… 1

问荆 *Equisetum arvense* L. …… 1

林问荆 *Equisetum sylvaticum* L. …… 2

草问荆 *Equisetum pratense* Ehrh. …… 3

水问荆 *Equisetum fluviatile* L. …… 3

节节草 *Equisetum ramosissimum* Desf. …… 4

三、蕨科 Pteridiaceae …… 4

蕨属 *Pteridium* Scop. …… 4

蕨 *Pteridium aquilinum*（L.）Kuhn var. *latiusculum*（Desv.）Underw.ex Heller. …… 4

四、中国蕨科 Sinopteridaceae …… 5

粉背蕨属 *Aleuritopteris* Fee …… 5

银粉背蕨 *Aleuritopteris argentea*（Gmél.）Fée …… 5

五、蹄盖蕨科 Athyriaceae …… 5

羽节蕨属 *Gymnocarpium* Newman …… 5

羽节蕨 *Gymnocarpium disjunctum*（Rupr.）Ching …… 5

六、岩蕨科 Woodsiaceae …… 6

岩蕨属 *Woodsia* R. Br. …… 6

岩蕨 *Woodsia ilvensis*（L.）R. Br. …… 6

七、槐叶苹科 Salviniaceae …… 6

槐叶苹属 *Salvinia Adans.* …… 6

槐叶苹 *Salvinia natans*（L.）All. …… 6

裸子植物门 Gymnospermae …… 7

八、松科 Pinaceae …… 7

落叶松属 *Larix* Mill. …… 7

兴安落叶松 *Larix gmelinii*（Rupr.）Rupr. …… 7

松属 *Pinus* L. …… 7

樟子松 *Pinus sylvestris* L. var. *mongolica* Litv. …… 7

九、麻黄科 Ephedraceae …… 8

麻黄属 *Ephedra* L. …… 8

草麻黄 *Ephedra sinica* Stapf …… 8

被子植物门 Angiospermae …… 8

十、杨柳科 Salicaceae …… 8

杨属 *Populus* L. …… 8

山杨 *Populus davidiana* Dode …… 8

柳属 *Salix* L. …… 9

小红柳 *Salix microstachya* Turcz. apud Trautv. var. *bordensis*（Nakai）C. F. Fang …… 9

筐柳 *Salix linearistipularis*（Franch.）Hao …… 9

兴安柳 *Salix hsinganica* Chang et Skv. …… 10

五蕊柳 *Salix pentandra* L. …… 10

三蕊柳 *Salix triandra* L. …… 11

黄柳 *Salix gordejevii* Y. L. Chang et Skv. …… 11

细叶沼柳 *Salix rosmarinifolia* L. …… 12

沼柳 *Salix rosmarinifolia* L. var. *brachypoda*（Trautv.et Mey.）Y. L. Chou …… 12

十一、桦木科 Betulaceae …… 13

桦木属 *Betula* L. …… 13

白桦 *Betula platyphylla* Suk. …… 13

十二、榆科 Ulmaceae……13
榆属 *Ulmus* L. ……13
大果榆 *Ulmus macrocarpa* Hance ……13
家榆 *Ulmus pumila* L. ……14
十三、桑科 Moraceae……14
葎草属 *Humulus* L. ……14
葎草 *Humulus scandens*（Lour.）Merr. ……14
大麻属 *Cannabis* L. ……15
野大麻（变型）*Cannabis sativa* L. f. *ruderalis*（Janisch.）Chu ……15
十四、荨麻科 Urticaceae ……15
荨麻属 *Urtica* L. ……15
麻叶荨麻 *Urtica cannabina* L. ……15
狭叶荨麻 *Urtica angustifolia* Fisch. ex Hornem. ……16
十五、檀香科 Santalaceae ……17
百蕊草属 *Thesium* L. ……17
百蕊草 *Thesium chinense* Turcz. ……17
长叶百蕊草 *Thesium longifolium* Turcz. ……17
急折百蕊草 *Thesium refractum* C.A. Mey. ……18
十六、桑寄生科 Loranthaceae ……18
槲寄生属 *Viscum* L. ……18
槲寄生 *Viscum coloratum*（Kom.）Nakai ……18
十七、蓼科 Polygonaceae……19
大黄属 *Rheum* L. ……19
波叶大黄 *Rheum undulatum* L. ……19
华北大黄 *Rheum franzenbachii* Munt. ……20
酸模属 *Rumex* L. ……20
小酸模 *Rumex acetosella* L. ……20
酸模 *Rumex acetosa* L. ……21
皱叶酸模 *Rumex crispus* L. ……21
毛脉酸模 *Rumex gmelinii* Turcz. ……22
狭叶酸模 *Rumex stenophyllus* Ledeb. ……23
巴天酸模 *Rumex patientia* L. ……23
长刺酸模 *Rumex martimus* L. ……24
蓼属 *Polygonum* L. ……24
萹蓄 *Polygonum aviculare* L. ……24

两栖蓼 *Polygonum amphibium* L. ……25
桃叶蓼 *Polygonum persicaria* L. ……25
水蓼 *Polygonum hydropiper* L. ……26
酸模叶蓼 *Polygonum lapathifolium* L. ……26
西伯利亚蓼 *Polygonum sibiricum* Laxm. ……27
细叶蓼 *Polygonum angustifolium* Pall. ……27
叉分蓼 *Polygonum divaricatum* L. ……28
拳参 *Polygonum bistorta* L. ……29
箭叶蓼 *Polygonum sieboldii* Meisn. ……29
卷茎蓼 *Polygonum convolvulus* L. ……30
荞麦属 *Fagopyrum* Gaertn. ……30
苦荞麦 *Fagopyrum tataricum*（L.）Gaertn. ……30
十八、藜科 Chenopodiaceae ……31
猪毛菜属 *Salsola* L. ……31
刺沙蓬 *Salsola pestifer* A.Nelson. ……31
猪毛菜 *Salsola collina* Pall. ……31
地肤属 *Kochia* Roth ……32
木地肤 *Kochia prostrata*（L.）Schrad. ……32
地肤 *Kochia scoparia*（L.）Schrad. ……32
碱地肤 *Kochia scoparia*（L.）Schrad.var. *sieversiana*（Pall.）Ulbr. ex Aschers. et Graebn. ……33
盐爪爪属 *Kalidium* Moq. ……33
盐爪爪 *Kalidium foliatum*（Pall.）Moq. ……33
滨藜属 *Atriplex* L. ……34
滨藜 *Atriplex patens*（Litv.）Iljin ……34
西伯利亚滨藜 *Atriplex sibirica* L. ……34
野滨藜 *Atriplex fera*（L.）Bunge ……35
碱蓬属 *Suaeda* Forsk. ……35
碱蓬 *Suaeda glauca*（Bunge）Bunge ……35
角果碱蓬 *Suaeda corniculata*（C. A. Mey.）Bunge ……36
盐地碱蓬 *Suaeda salsa*（L.）Pall. ……36
沙蓬属 *Agriophyllum* M. Bieb. ……37
沙蓬 *Agriophyllum pungens*（Vahl）Link ex A.Dietr. ……37
虫实属 *Corispermum* L. ……37
兴安虫实 *Corispermum chinganicum* Iljin ……37

绳虫实 *Corispermum declinatum* Steph. ex Stev. ······38
轴藜属 *Axyris* L. ······39
轴藜 *Axyris amaranthoides* L. ······39
杂配轴藜 *Axyris hybrida* L. ······39
雾冰藜属 *Bassia* All. ······40
雾冰藜 *Bassia dasyphylla*（Fisch. et Mey.）O. Kuntze ······40
藜属 *Chenopodium* L. ······41
刺藜 *Chenopodium aristatum* L. ······41
灰绿藜 *Chenopodium glaucum* L. ······41
尖头叶藜 *Chenopodium acuminatum* Willd. ······42
狭叶尖头叶藜 *Chenopodium acuminatum* Willd. subsp. *virgatum*（Thunb.）Kitam. ······42
东亚市藜 *Chenopodium urbicum* L. subsp. *sinicum* Kung et G.L. Chu ······43
杂配藜 *Chenopodium hybridum* L. ······43
藜 *Chenopodium album* L. ······44
菱叶藜 *Chenopodium bryoniaefolium* Bunge ······44
十九、苋科 Amaranthaceae ······45
苋属 *Amaranthus* L. ······45
凹头苋 *Amaranthus lividus* L. ······45
反枝苋 *Amaranthus retroflexus* L. ······45
北美苋 *Amaranthus blitoides* S. Watson ······46
二十、马齿苋科 Portulacaceae ······46
马齿苋属 *Portulaca* L. ······46
马齿苋 *Portulaca oleracea* L. ······46
二十一、石竹科 Caryophyllaceae ······47
蚤缀属 *Arenaria* L. ······47
毛梗蚤缀 *Arenaria capillaris* Poir. ······47
种阜草属 *Moehringia* L. ······47
种阜草 *Moehringia lateriflora*（L.）Fenzl ······47
繁缕属 *Stellaria* L. ······48
二柱繁缕 *Stellaria bistyla* Y. Z. Zhao ······48
垂梗繁缕 *Stellaria radians* L. ······48
叉歧繁缕 *Stellaria dichotoma* L. ······49
银柴胡 *Stellaria dichotoma* L. var. *lanceolata* Bunge ······49
兴安繁缕 *Stellaria cherleriae*（Fisch. ex Ser.）Williams ······50

长叶繁缕 *Stellaria longifolia* Muehl. ······50
叶苞繁缕 *Stellaria crassifolia* Ehrh. var. *linearis* Fenzl ······51
卷耳属 *Cerastium* L. ······51
卷耳 *Cerastium arvense* L. ······51
女娄菜属 *Melandrium* Roehl. ······52
女娄菜 *Melandrium apricum*（Turcz. ex Fisch. et Mey.）Rohrb. ······52
兴安女娄菜 *Melandrium brachypetalum*（Horn.）Fenzl ······53
高山漆姑草属 *Minuartia* L. ······54
高山漆姑草 *Minuartia laricina*（L.）Mattf. ······54
剪秋罗属 *Lychnis* L. ······54
狭叶剪秋罗 *Lychnis sibirica* L. ······54
大花剪秋罗 *Lychnis fulgens* Fisch. ······55
麦瓶草属 *Silene* L. ······55
细叶毛萼麦瓶草 *Silene repens* Patr. var. *angustifolia* Turcz. ······55
狗筋麦瓶草 *Silene venosa*（Gilib.）Aschers. ······56
旱麦瓶草 *Silene jenisseensis* Willd. ······57
丝石竹属 *Gypsophila* L. ······57
草原丝石竹 *Gypsophila davurica* Turcz. ex Fenzl ······57
石竹属 *Dianthus* L. ······58
瞿麦 *Dianthus superbus* L. ······58
石竹 *Dianthus chinensis* L. ······58
兴安石竹 *Dianthus chinensis* L. var. *veraicolor*（Fisch. ex Link）Ma ······59
蒙古石竹 *Dianthus chinensis* L. var. *subulifolius*（Kitag.）Ma ······59
二十二、睡莲科 Nymphaeaceae ······60
睡莲属 *Nymphaea* L. ······60
睡莲 *Nymphaea tetragona* Georgi ······60
萍蓬草属 *Nuphar* J. E. Smith ······60
萍蓬草 *Nuphar pumilum*（Timm）DC. ······60
二十三、金鱼藻科 Ceratophyllaceae ······61
金鱼藻属 *Ceratophyllum* L. ······61
金鱼藻 *Ceratophyllum demersum* L. ······61
五刺金鱼藻 *Ceratophyllum oryzetorum* Kom. ······61
二十四、毛茛科 Ranunculaceae ······62
驴蹄草属 *Caltha* L. ······62
驴蹄草 *Caltha palustris* L. ······62

三角叶驴蹄草 *Caltha palustris* L. var. *sibirica* Regel ……62
升麻属 *Cimicifuga* L. ……63
兴安升麻 *Cimicifuga dahurica*（Turcz.）Maxim. ……63
单穗升麻 *Cimicifuga simplex* Wormsk. ……64
金莲花属 *Trollius* L. ……65
短瓣金莲花 *Trollius ledebouri* Reichb. ……65
耧斗菜属 *Aquilegia* L. ……65
耧斗菜 *Aquilegia viridiflora* Pall. ……65
蓝堇草属 *Leptopyrum* Reichb. ……66
蓝堇草 *Leptopyrum fumarioides*（L.）Reichb. ……66
唐松草属 *Thalictrum* L. ……66
翼果唐松草 *Thalictrum aquilegifolium* L. var. *sibiricum* Regel et Tiling……66
瓣蕊唐松草 *Thalictrum petaloideum* L. ……67
香唐松草 *Thalictrum foetidum* L. ……67
展枝唐松草 *Thalictrum squarrosum* Steph. ex Willd. ……68
箭头唐松草 *Thalictrum simplex* L. ……69
欧亚唐松草 *Thalictrum minus* L. ……69
银莲花属 *Anemone* L. ……70
大花银莲花 *Anemone silvestris* L. ……70
二歧银莲花 *Anemone dichotoma* L.……71
长毛银莲花 *Anemone crinita* Juz. ……71
白头翁属 *Pulsatilla* Adans. ……72
细叶白头翁 *Pulsatilla turczaninovii* Kryl. et Serg. ……72
细裂白头翁 *Pulsatilla tenuiloba*（Hayek）Juz. ……73
掌叶白头翁 *Pulsatilla patens*（L.）Mill. var. *multifida*（Pritz.）S. H. Li et Y. H. Huang ……74
蒙古白头翁 *Pulsatilla ambigua* Turcz. ex Pritz.……74
黄花白头翁 *Pulsatilla sukaczewii* Juz. ……75
兴安白头翁 *Pulsatilla dahurica*（Fisch. ex DC.）Spreng. ……75
侧金盏花属 *Adonis* L. ……76
北侧金盏花 *Adonis sibiricus* Patr. ex Ledeb. ……76
水毛茛属 *Batrachium* J. F. Gray ……76
毛柄水毛茛 *Batrachium trichophyllum*（Chaix）Bossche ……76
小水毛茛 *Batrachium eradicatum*（Laest.）Fries……77
水毛茛 *Batrachium bungei*（Steud.）L. Liou ……77

水葫芦苗属 *Halerpestes* Greene ……78
黄戴戴 *Halerpestes ruthenica*（Jacq.）Ovcz. ……78
水葫芦苗 *Halerpestes sarmentosa*（Adams）Kom. ……78
毛茛属 *Ranunclus* L. ……79
石龙芮 *Ranunculus sceleratus* L. ……79
小掌叶毛茛 *Ranunculus gmelinii* DC. ……79
毛茛 *Ranunculus japonicus* Thunb. ……80
回回蒜 *Ranunculus chinensis* Bunge. ……80
铁线莲属 *Clematis* L. ……81
棉团铁线莲 *Clematis hexapetala* Pall. ……81
短尾铁线莲 *Clematis brevicaudata* DC. ……81
翠雀花属 *Delphinium* L. ……82
东北高翠雀花 *Delphinium korshinskyanum* Nevski ……82
翠雀 *Delphinium grandiflorum* L. ……83
乌头属 *Aconitum* L. ……83
细叶黄乌头 *Aconitum barbatum* Pers. ……83
草乌头 *Aconitum kusnezoffii* Reichb. ……84
芍药属 *Paeonia* L. ……85
芍药 *Paeonia lactiflora* Pale. ……85
二十五、防己科 Menispermaceae ……85
蝙蝠葛属 *Menispermum* L. ……85
蝙蝠葛 *Menispermum dahuricum* DC. ……85
二十六、罂粟科 Papaveraceae ……86
白屈菜属 *Chelidonium* L. ……86
白屈菜 *Chelidonium majus* L. ……86
罂粟属 *Papaver* L. ……87
野罂粟 *Papaver nudicaule* L. ……87
角茴香属 *Hypecoum* L. ……88
角茴香 *Hypecoum erectum* L. ……88
紫堇属 *Corydalis* Vent. ……88
齿瓣延胡索 *Corydalis turtschaninovii* Bess. ……88
二十七、十字花科 Cruciferae ……89
菘蓝属 *Isatis* L. ……89
三肋菘蓝 *Isatis costata* C. A. Mey. ……89

蔊菜属 *Rorippa* Scop. ……89
风花菜 *Rorippa islandica*（Oed.）Borbas ……89
遏蓝菜属 *Thlaspi* L. ……90
遏蓝菜 *Thlaspi arvense* L. ……90
山遏蓝菜 *Thlaspi thlaspidioides*（Pall.）Kitag. ……90
独行菜属 *Lepidium* L. ……91
宽叶独行菜 *Lepidium latifolium* L. ……91
独行菜 *Lepidium apetalum* Willd. ……91
亚麻荠属 *Camelina* Crantz. ……92
小果亚麻荠 *Camelina microcarpa* Andrz. ……92
葶苈属 *Draba* L. ……92
葶苈 *Draba nemorosa* L. ……92
庭荠属 *Alyssum* L. ……93
北方庭荠 *Alyssum lenense* Adams ……93
西伯利亚庭荠 *Alyssum sibiricum* Willd. ……93
燥原荠属 *Ptilotrichum* C. A. Mcy. ……94
燥原荠 *Ptilotrichum canescens* C. A. Mey. ……94
薄叶燥原荠 *Ptilotrichum tenuiflium*（Steoh.）C. A. Mey. ……94
花旗竿属 *Dontostemon* Andrz. ……95
小花花旗竿 *Dontostemon micranthus* C. A. Mey. ……95
多年生花旗竿 *Dontostemon perennis* C. A. Mey. ……95
全缘叶花旗竿 *Dontostemon integrifolifolius*（L.）Ledeb. ……96
碎米荠属 *Cardamine* L. ……96
水田碎米荠 *Cardamine lyrata* Bunge ……96
草甸碎米荠 *Cardamine pratensis* L. ……97
播娘蒿属 *Descurainia* Webb. et Berth. ……98
播娘蒿 *Descurainia sophia*（L.）Webb. ex Prantl ……98
糖芥属 *Erysimum* L. ……99
蒙古糖芥 *Erysimum flavum*（Georgi）Bobrov ……99
小花糖芥 *Erysimum cheiranthoides* L. ……99
南芥属 *Arabis* L. ……100
硬毛南芥 *Arabis hirsuta*（L.）Scop. ……100
粉绿垂果南芥 *Arabis pendula* L. var. *hypoglauca* Franch. ……101

二十八、景天科 Crassulaceae …… 101
瓦松属 *Orostachys* Fisch. …… 101
钝叶瓦松 *Orostachys malacophyllus*（Pall.）Fisch. …… 101
瓦松 *Orostachys fimbriatus*（Turcz.）Berger …… 102
黄花瓦松 *Orostachys spinosus*（L.）C. A. Mey. …… 102
狼爪瓦松 *Orostachys cartilaginea* A. Bor. …… 103
景天属 *Sedum* L. …… 103
费菜 *Sedum aizoon* L. …… 103
八宝属 *Hylotelephium* H. Ohba …… 104
紫八宝 *Hylotelephium purpureum*（L.）Holub …… 104
二十九、虎耳草科 Saxifragaceae …… 105
梅花草属 *Parnassia* L. …… 105
梅花草 *Parnassia palustris* L. …… 105
金腰属 *Chrysosplenium* L. …… 105
互叶金腰 *Chrysosplenium alternifolium* L. …… 105
茶藨属 *Ribes* L. …… 106
水葡萄茶藨 *Ribes procumbens* Pall. …… 106
兴安茶藨 *Ribes pauciflorum* Turcz. ex Pojark. …… 106
楔叶茶藨 *Ribes diacanthum* Pall. …… 107
小叶茶藨 *Ribes pulchellum* Turcz. …… 108
三十、蔷薇科 Rosaceae …… 108
绣线菊属 *Spiraea* L. …… 108
楼斗叶绣线菊 *Spiraea aquilegifolia* Pall. …… 108
海拉尔绣线菊 *Spiraea hailarensis* Liou …… 109
欧亚绣线菊 *Spiraea media* Schmidt …… 109
柳叶绣线菊 *Spiraea salicifolia* L. …… 110
珍珠梅属 *Sorbaria* A. Br. ex Aschers. …… 111
珍珠梅 *Sorbaria sorbifolia*（L.）A. Br. …… 111
栒子属 *Cotoneaster* B. Ehrhart …… 111
全缘栒子 *Cotoneaster integerrimus* Medic. …… 111
黑果栒子 *Cotoneaster melanocarpus* Lodd. …… 112
山楂属 *Crataegus* L. …… 112
辽宁山楂 *Crataegus sanguinea* Pall. …… 112
光叶山楂 *Crataegus dahurica* Koehne ex Schneid. …… 113

花楸属 *Sorbus* L. …… 113
花楸树 *Sorbus pohuashanensis*（Hance）Hedl. …… 113
苹果属 *Malus* Mill. …… 114
山荆子 *Malus baccata*（L.）Borkh. …… 114
蔷薇属 *Rosa* L. …… 115
山刺玫 *Rosa davurica* Pall. …… 115
大叶蔷薇 *Rosa acicularis* Lindl. …… 115
龙牙草属 *Agrimonia* L. …… 116
龙牙草 *Agrimonia pilosa* Ledeb. …… 116
地榆属 *Sanguisorba* L. …… 117
地榆 *Sanguisorba officinalis* L. …… 117
长蕊地榆 *Sanguisorba officinalis* L. var. *longifila*（Kitag.）Yu et Li …… 117
小白花地榆 *Sanguisorba tenuifolia* Fisch. var. *alba* Trautv. et Mey. …… 118
蚊子草属 *Filipendula* Mill. …… 118
细叶蚊子草 *Filipendula angustiloba*（Turcz.）Maxim. …… 118
蚊子草 *Filipendula palmata*（Pall.）Maxim. …… 119
水杨梅属 *Geum* L. …… 120
水杨梅 *Geum aleppicum* Jacq. …… 120
悬钩子属 *Rubus* L. …… 121
石生悬钩子 *Rubus saxatilis* L. …… 121
草莓属 *Fragaria* L. …… 121
东方草莓 *Fragaria orientalis* Losinsk. …… 121
委陵菜属 *Potentilla* L. …… 122
金露梅 *Potentilla fruticosa* L. …… 122
匍枝委陵菜 *Potentilla flagellaris* Willd. ex Schlecht. …… 122
鹅绒委陵菜 *Potentilla anserina* L. …… 123
二裂委陵菜 *Potentilla bifurca* L. …… 123
高二裂委陵菜 *Potentilla bifurca* L. var. *major* Ledeb. …… 124
星毛委陵菜 *Potentilla acaulis* L. …… 124
三出委陵菜 *Potentilla betonicaefolia* Poir. …… 125
莓叶委陵菜 *Potentilla fragarioides* L. …… 125
铺地委陵菜 *Potentilla supina* L. …… 126
轮叶委陵菜 *Potentilla verticillaris* Steph. ex Willd. …… 126
多裂委陵菜 *Potentilla multifida* L. …… 127
腺毛委陵菜 *Potentilla longifolia* Willd. ex Schlecht. …… 127

菊叶委陵菜 *Potentilla tanacetifolia* Willd. ex Schlecht. …… 128
茸毛委陵菜 *Potentilla strigosa* Pall. ex Pursh …… 129
红茎委陵菜 *Potentilla nudicaulis* Willd. ex Schlecht. …… 129
山莓草属 *Sibbaldia* L. …… 130
伏毛山莓草 *Sibbaldia adpressa* Bunge …… 130
地蔷薇属 *Chamaerhodos* Bunge …… 130
地蔷薇 *Chamaerhodos erecta*（L.）Bunge …… 130
毛地蔷薇 *Chamaerhodos canescens* J. Krause …… 131
三裂地蔷薇 *Chamaerhodos trifida* Ledeb. …… 131
李属 *Prunus* L. …… 132
西伯利亚杏 *Prunus sibirica* L. …… 132
稠李 *Prunus padus* L. …… 132
三十一、豆科 Leguminosae …… 133
槐属 *Sophora* L. …… 133
苦参 *Sophora flavescens* Soland. …… 133
野决明属 *Thermopsis* R. Br. …… 133
披针叶黄华 *Thermopsis lanceolata* R. Br. …… 133
苜蓿属 *Medicago* L. …… 134
扁蓿豆 *Melilotoides ruthenica*（L.）Sojak …… 134
细叶扁蓿豆 *Melilotoides ruthenica*（L.）Sojak var. *oblongifolia*（Fr.）H. C. Fu et Y. Q. Jiang …… 135
天蓝苜蓿 *Medicago lupulina* L. …… 135
紫花苜蓿 *Medicago sativa* L. …… 136
黄花苜蓿 *Medicago falcata* L. …… 137
草木樨属 *Melilotus* Mill. …… 137
草木樨 *Melilotus suaveolens* Ledeb. …… 137
细齿草木樨 *Melilotus dentatus*（Wald. et Kit.）Pers. …… 138
白花草木樨 *Melilotus albus* Desr. …… 138
车轴草属 *Trifolium* L. …… 139
野火球 *Trifolium lupinaster* L. …… 139
白车轴草 *Trifolium repens* L. …… 139
红车轴草 *Trifolium pratense* L. …… 140
锦鸡儿属 *Caragana* Fabr. …… 140
狭叶锦鸡儿 *Caragana stenophylla* Pojark. …… 140
小叶锦鸡儿 *Caragana microphylla* Lam. …… 141

米口袋属 *Gueldenstaedtia* Fisch. …… 141
少花米口袋 *Gueldenstaedtia verna*（Georgi）Boriss. …… 141
狭叶米口袋 *Gueldenstaedtia stenophylla* Bunge …… 142
甘草属 *Glycyrrhiza* L. …… 142
甘草 *Glycyrrhiza uralensis* Fsich. …… 142
黄芪属 *Astragalus* L. …… 143
黄芪 *Astragalus membranaceus* Bunge …… 143
华黄芪 *Astragalus chinensis* L. f. …… 143
草木樨状黄芪 *Astragalus melilotoides* Pall. …… 144
细叶黄芪 *Astragalus melilotoides* Pall. var. *tenuis* Ledeb. …… 145
草原黄芪 *Astragalus dalaiensis* Kitag. …… 145
蒙古黄芪 *Astragalus memdranaceus* Bunge var. *mongholicus*（Bunge）Hsiao …… 146
达乌里黄芪 *Astragalus dahuricus*（Pall.）DC. …… 146
细弱黄芪 *Astragalus miniatus* Bunge …… 147
白花黄芪 *Astragalus galactites* Pall. …… 147
卵果黄芪 *Astragalus grubovii* Sancz. …… 148
斜茎黄芪 *Astragalus adsurgens* Pall. …… 148
糙叶黄芪 *Astragalus scaberrimus* Bunge …… 149
棘豆属 *Oxytropis* DC. …… 149
大花棘豆 *Oxytropis grandiflora*（Pall.）DC. …… 149
薄叶棘豆 *Oxytropis leptophylla*（Pall.）DC. …… 150
多叶棘豆 *Oxytropis myriophylla*（Pall.）DC. …… 150
砂珍棘豆 *Oxytropis gracilima* Bunge …… 151
海拉尔棘豆 *Oxytropis hailarensis* Kitag. …… 151
尖叶棘豆 *Oxytropis oxyphylla*（Pall.）DC. var. *oxyphylla* …… 152
岩黄芪属 *Hedysarum* L. …… 152
山竹岩黄芪 *Hedysarum fruticosum* Pall. …… 152
山岩黄芪 *Hedysarum alpinum* L. …… 153
华北岩黄芪 *Hedysarum gmelinii* Ledeb. …… 153
胡枝子属 *Lespedeza* Michx. …… 154
达乌里胡枝子 *Lespedeza davurica*（Laxm.）Schindl. …… 154
尖叶胡枝子 *Lespedeza hedysaroides*（Pall.）Kitag. …… 154
鸡眼草属 *Kummerowia* Schindl. …… 155
鸡眼草 *Kummerowia striata*（Thunb.）Schindl. …… 155

野豌豆属 *Vicia* L. ······ 155
广布野豌豆 *Vicia cracca* L. ······ 155
大叶野豌豆 *Vicia pseudorobus* Fisch. et C. A. Mey. ······ 156
狭叶山野豌豆 *Vicia amoena* Fisch. var. *oblongifolia* Regel ······ 156
多茎野豌豆 *Vicia multicaulis* Ledeb. ······ 157
歪头菜 *Vicia unijuga* R. Br. ······ 157
山黧豆属 *Lathyrus* L. ······ 158
矮山黧豆 *Lathyus humilis*（Ser. ex DC.）Spreng. ······ 158
大豆属 *Glycine* L. ······ 158
野大豆 *Glycine soja* Sieb. et Zucc. ······ 158
三十二、牻牛儿苗科 Geraniaceae ······ 159
牻牛儿苗属 *Erodium* L. Herit. ······ 159
牻牛儿苗 *Erodium stephanianum* Willd. ······ 159
老鹳草属 *Geranium* L. ······ 159
老鹳草 *Geranium wilfordii* Maxim. ······ 159
草原老鹳草 *Geranium pratense* L. ······ 160
大花老鹳草 *Geranium transbaicalicum* Serg. ······ 160
灰背老鹳草 *Geranium wlassowianum* Fisch. ex Link ······ 161
兴安老鹳草 *Geranium maximowiczii* Regel et Maack ······ 161
粗根老鹳草 *Geranium dahuricum* DC. ······ 162
鼠掌老鹳草 *Geranium sibiricum* L. ······ 162
三十三、亚麻科 Linaceae ······ 163
亚麻属 *Linum* L. ······ 163
野亚麻 *Linum stelleroides* Planch. ······ 163
宿根亚麻 *Linum perenne* L. ······ 163
三十四、蒺藜科 Zygophyllaceae ······ 164
蒺藜属 *Tribulus* L. ······ 164
蒺藜 *Tribulus terrestris* L. ······ 164
三十五、芸香科 Rutaceae ······ 164
拟芸香属 *Haplophyllum* Juss. ······ 164
北芸香 *Haplophyllum dauricum*（L.）Juss. ······ 164
白鲜属 *Dictamnus* L. ······ 165
白鲜 *Dictamnus albus* L. subsp. *dasycarpus*（Turcz.）Wint. ······ 165

三十六、远志科 Polygalaceae …… 166
远志属 *Polygala* L. …… 166
远志 *Polygala tenuifolia* Willd. …… 166
三十七、大戟科 Euphorbiaceae …… 166
大戟属 *Euphorbia* L. …… 166
乳浆大戟 *Euphorbia esula* L. …… 166
地锦 *Euphorbia humifusa* Willd. …… 167
狼毒大戟 *Euphorbia fischeriana* Steud. …… 167
锥腺大戟 *Euphorbia savaryi* Kiss. …… 168
三十八、水马齿科 Callitrichaceae …… 168
水马齿属 *Callitriche* L. …… 168
沼生水马齿 *Callitriche palustris* L. …… 168
三十九、凤仙花科 Balsaminaceae …… 169
凤仙花属 *Impatiens* L. …… 169
凤仙花 *Lmpatiens balsamina* L. …… 169
水金凤 *Impatiens noli-tangere* L. …… 169
四十、鼠李科 Rhamnaceae …… 170
鼠李属 *Rhamnus* L. …… 170
鼠李 *Rhamnus dahurica* Pall. …… 170
乌苏里鼠李 *Rhamnus ussuricnsis* J. Vass. …… 170
四十一、锦葵科 Malvaceae …… 171
木槿属 *Hibiscus* L. …… 171
野西瓜苗 *Hibiscus trionum* L. …… 171
锦葵属 *Malva* L. …… 171
锦葵 *Malva sinensis* Cavan. …… 171
野葵 *Malva verticillata* L. …… 172
四十二、金丝桃科 Hypericaceae …… 172
金丝桃属 *Hypericum* L. …… 172
长柱金丝桃 *Hypericum ascyron* L. …… 172
乌腺金丝桃 *Hypericum attenuatum* Choisy …… 173
四十三、堇菜科 Violaceae …… 173
堇菜属 *Viola* L. …… 173
奇异堇菜 *Viola mirabilis* L. …… 173
裂叶堇菜 *Viola dissecta* Ledeb. …… 174
紫花地丁 *Viola yedoensis* Makino …… 174

斑叶堇菜 *Viola variegata* Fisch. ex Link …… 175

四十四、瑞香科 Thymelaeaceae …… 175

狼毒属 *Stellera* L. …… 175

狼毒 *Stellera chamaejasme* L. …… 175

四十五、胡颓子科 Elaeagnaceae …… 176

沙棘属 *Hippophae* L. …… 176

中国沙棘 *Hippophae rhamnoides* L. subsp. *sinensis* Rousi …… 176

四十六、千屈菜科 Lythraceae …… 177

千屈菜属 *Lythrum* L. …… 177

千屈菜 *Lythrum salicaria* L. …… 177

四十七、柳叶菜科 Onagraceae …… 177

柳叶菜属 *Epilobium* L. …… 177

柳兰 *Epilobium angustifolium* L. …… 177

沼生柳叶菜 *Epilobium palustre* L. …… 178

多枝柳叶菜 *Epilobium fastigiato-ramosum* Nakai …… 178

月见草属 *Oenothera* L. …… 179

夜来香 *Oenothera biennis* L. …… 179

四十八、小二仙草科 Haloragaceae …… 179

狐尾藻属 *Myriophyllum* L. …… 179

狐尾藻 *Myriophyllum spicatum* L. …… 179

轮叶狐尾藻 *Myriophllum verticillatum* L. …… 180

四十九、杉叶藻科 Hippuridaceae …… 180

杉叶藻属 *Hippuris* L. …… 180

杉叶藻 *Hippuris vulgaris* L. …… 180

五十、伞形科 Umbelliferae …… 181

柴胡属 *Bupleurum* L. …… 181

红柴胡 *Bupleurum scorzonerifolium* Willd. …… 181

锥叶柴胡 *Bupleurum bicaule* Helm …… 182

毒芹属 *Cicuta* L. …… 182

毒芹 *Cicuta virosa* L. …… 182

茴芹属 *Pimpinella* L. …… 183

羊洪膻 *Pimpinella thellungiana* Wolff …… 183

泽芹属 *Sium* L. …… 184

泽芹 *Sium suave* Walt. …… 184

蛇床属 *Cnidium* Cuss. …… 184
兴安蛇床 *Cnidium dahuricum*（Jacq.）Turcz. ex Mey. …… 184
蛇床 *Cnidium monnieri*（L.）Cuss. …… 185
柳叶芹属 *Czernaevia* Turcz. …… 185
柳叶芹 *Czernaevia laevigata* Turcz. …… 185
当归属 *Angelica* L. …… 186
兴安白芷 *Angelica dahurica*（Fisch.）Benth. et Hook. …… 186
胀果芹属 *Phlojodicarpus* Turcz. …… 187
胀果芹 *Phlojodicarpus sibiricus*（Steph. ex Spreng.）K. -Pol. …… 187
前胡属 *Peucedanum* L. …… 187
石防风 *Peucedanum terebinthaceum*（Fisch.）Fisch. ex Turcz. …… 187
独活属 *Heracleum* L. …… 188
短毛独活 *Heracleum lanatum* Mickx. …… 188
防风属 *Saposhnikovia* Schischk. …… 188
防风 *Saposhnikovia divaricata*（Turcz.）Schischk. …… 188
五十一、山茱萸科 Cornaceae …… 189
梾木属 *Swida* Opiz …… 189
红瑞木 *Swida alba* Opiz …… 189
五十二、鹿蹄草科 Pyrolaceae …… 189
鹿蹄草属 *Pyrola* L. …… 189
鹿蹄草 *Pyrola rotundifolia* L. …… 189
红花鹿蹄草 *Pyrola incarnata* Fisch. ex DC. …… 190
五十三、杜鹃花科 Ericaceae …… 190
杜鹃花属 *Rhododendron* L. …… 190
兴安杜鹃 *Rhododendron dauricum* L. …… 190
越橘属 *Vaccinium* L. …… 191
越橘 *Vaccinium vitis-idaea* L. …… 191
笃斯越橘 *Vaccinium uliginosum* L. …… 191
五十四、报春花科 Primulaceae …… 192
报春花属 *Primula* L. …… 192
翠南报春 *Primula sieboldii* E. Morren …… 192
粉报春 *Primula farinosa* L. …… 193
点地梅属 *Androsace* L. …… 193
东北点地梅 *Androsace filiformis* Retz. …… 193

北点地梅 *Androsace septentrionalis* L. …… 194
大苞点地梅 *Androsace maxima* L. …… 194
海乳草属 *Glaux* L. …… 195
海乳草 *Glaux maritima* L. …… 195
珍珠菜属 *Lysimachia* L. …… 195
狼尾花 *Lysimachia barystachys* Bunge …… 195
黄莲花 *Lysimachia davurica* Ledeb. …… 196
五十五、白花丹科 Plumbaginaceae …… 197
补血草属 *Limonium* Mill. …… 197
黄花补血草 *Limonium aureum*（L.）Hill …… 197
二色补血草 *Limonium bicolor*（Bunge）O. Kuntze …… 197
五十六、睡菜科 Menyanthaceae …… 198
莕菜属 *Nymphoides* Hill …… 198
莕菜 *Nymphoides peltata*（S. G. Gmel.）Kuntze …… 198
五十七、龙胆科 Gentianaceae …… 198
龙胆属 *Gentiana* L. …… 198
鳞叶龙胆 *Gentiana squarrosa* Ledeb. …… 198
秦艽 *Gentiana macrophylla* Pall. …… 199
达乌里龙胆 *Gentiana dahurica* Fisch. …… 199
扁蕾属 *Gentianopsis* Ma …… 200
扁蕾 *Gentianopsis barbata*（Froel.）Ma …… 200
獐牙菜属 *Swertia* L. …… 200
北方獐牙菜 *Swertia diluta*（Turcz.）Benth. …… 200
瘤毛獐牙菜 *Swertia pseudochinensis* Hara …… 201
花锚属 *Halenia* Borkh. …… 201
花锚 *Halenia corniculata*（L.）Cornaz …… 201
五十八、萝藦科 Asclepiadcaeae …… 202
鹅绒藤属 *Cynanchum* L. …… 202
徐长卿 *Cynanchum paniculatum*（Bunge）Kitag. …… 202
地梢瓜 *Cynanchum thesioides*（Freyn）K. Schum. …… 202
鹅绒藤 *Cynanchum chinense* R. Br. …… 203
萝藦属 *Metaplexis* R. Br. …… 203
萝藦 *Metaplexis japonica*（Thunb.）Makino …… 203

五十九、旋花科 Convolvulaceae …… 204
打碗花属 *Calystegia* R. Br. …… 204
打碗花 *Calystegia hederacea* Wall. ex Roxb. …… 204
宽叶打碗花 *Calystegia sepium*（L.）R. Br. …… 204
旋花属 *Convolvulus* L. …… 205
银灰旋花 *Convolvulus ammannii* Desr. …… 205
田旋花 *Convolvulus arvensis* L. …… 205
牵牛属 *Pharbitis* Choisy …… 206
圆叶牵牛 *Pharbitis purpurea*（L.）Voigt. …… 206
菟丝子属 *Cuscuta* L. …… 207
菟丝子 *Cuscuta chinensis* Lam. …… 207
大菟丝子 *Cuscuta europaea* L. …… 207
六十、花荵科 Polemoniaceae …… 208
花荵属 *Polemonium* L. …… 208
中华花荵 *Polemonium chinense*（Brand）Brand …… 208
六十一、紫草科 Boraginaceae …… 209
琉璃草属 *Cynoglossum* L. …… 209
大果琉璃草 *Cynoglossum divaricatum* Steph. …… 209
鹤虱属 *Lappula* V. Wolf. …… 209
鹤虱 *Lappula myosotis* V. Wolf. …… 209
勿忘草属 *Myosotis* L. …… 210
湿地勿忘草 *Myosotis caespitosa* Schultz …… 210
勿忘草 *Myosotis sylvatica* Hoffm. …… 210
草原勿忘草 *Myosotis suaveolens* Wald. et Kit. …… 211
钝背草属 *Amblynotus* Johnst. …… 211
钝背草 *Amblynotus obovatus*（Ledeb.）Johnst. …… 211
六十二、唇形科 Labiatae …… 212
水棘针属 *Amethystea* L. …… 212
水棘针 *Amethystea coerulea* L. …… 212
黄芩属 *Scutellaria* L. …… 212
黄芩 *Scutellaria baicalensis* Georgi …… 212
并头黄芩 *Scutellaria scordifolia* Fisch. ex Schrank …… 213
夏至草属 *Lagopsis* Bunge ex Benth. …… 213
夏至草 *Lagopsis supina*（Steph.）Ik. -Gal. ex Knorr. …… 213

裂叶荆芥属 *Schizonepeta* Briq. …… 214
多裂叶荆芥 *Schizonepeta multifida*（L.）Briq. …… 214
青兰属 *Dracocephalum* L. …… 214
光萼青兰 *Dracocephalum argunense* Fisch. ex Link …… 214
青兰 *Dracocephalum ruyschiana* L. …… 215
白花枝子花 *Dracocephalum heterophyllum* Benth. …… 215
糙苏属 *Phlomis* L. …… 216
块根糙苏 *Phiomis tuberosa* L. …… 216
串铃草 *Phlomis mongolica* Turcz. …… 217
鼬瓣花属 *Galeopsis* L. …… 217
鼬瓣花 *Galeopsis bifida* Boenn. …… 217
野芝麻属 *Lamium* L. …… 218
短柄野芝麻 *Lamium album* L. …… 218
益母草属 *Leonurus* L. …… 218
细叶益母草 *Leonurus sibiricus* L. …… 218
水苏属 *Stachys* L. …… 219
毛水苏 *Stachys riederi* Cham. ex Benth. …… 219
百里香属 *Thymus* L. …… 219
亚洲百里香 *Thymus serpyllum* L. var. *asiaticus* Kitag. …… 219
百里香 *Thymus serpyllum* L. var. *mongolicus* Ronn. …… 220
地笋属 *Lycopus* L. …… 220
地笋 *Lycopus lucidus* Turcz. ex Benth. …… 220
薄荷属 *Mentha* L. …… 221
薄荷 *Mentha haplocalyx* Briq. …… 221
香薷属 *Elsholtzia* Willd. …… 221
细穗香薷 *Elsholtzia densa* Benth. var. *ianthina*（Maxim. et Kanitz）C. Y. Wu et S.C. Huang …… 221
香薷 *Elsholtzia ciliata*（Thunb.）Hyland. …… 222
六十三、茄科 Solanaceae …… 222
泡囊草属 *physochlaina* G. Don …… 222
泡囊草 *Physochlaina physaloides*（L.）G. Don …… 222
天仙子属 *Hyoscyamus* L. …… 223
天仙子 *Hyoscyamus niger* L. …… 223
茄属 *Solanum* L. …… 223
龙葵 *Solanum nigrum* L. …… 223

六十四、玄参科 Scrophulariaceae …… 224
柳穿鱼属 *Linaria* Mill. …… 224
柳穿鱼 *Linaria vulgaris* Mill. subsp. *sinensis*（Beaux）Hong …… 224
多枝柳穿鱼 *Linaria buriatica* Turcz. ex Benth. …… 224
鼻花属 *Rhinanthus* L. …… 225
鼻花 *Rhinanthus glaber* Lam. …… 225
腹水草属 *Veronicastrum* Heist. ex Farbic. …… 226
草本威灵仙 *Veronicastrum sibiricm*（L.）Pennell …… 226
婆婆纳属 *Veronica* L. …… 227
细叶婆婆纳 *Veronica linariifolia* Pall. ex Link …… 227
白婆婆纳 *Veronica incana* L. …… 227
大婆婆纳 *Veronica dahurica* Stev. …… 228
兔儿尾苗 *Veronica longifolia* L. …… 229
北水苦荬 *Veronica anagallis-aquatica* L. …… 229
小米草属 *Euphrasia* L. …… 230
小米草 *Euphrasia pectinata* Ten. …… 230
疗齿草属 *Odontites* Ludwig …… 230
疗齿草 *Odontites serotina*（Lam.）Dum. …… 230
马先蒿属 *Pedicularis* L. …… 231
卡氏沼生马先蒿 *Pedicularis palustriskaroi* L. subsp. *karoi*（Freyn）Tsoong …… 231
拉不拉多马先蒿 *Pedicularis labradorica* Wirsing …… 231
红纹马先蒿 *Pedicularis striata* Pall. …… 232
返顾马先蒿 *Pedicularis resupinata* L. …… 232
穗花马先蒿 *Pedicularis spicata* Pall. …… 233
轮叶马先蒿 *Pedicularis verticillata* L. …… 234
芯芭属 *Cymbaria* L. …… 234
达乌里芯芭 *Cymbaria dahurica* L. …… 234
六十五、紫葳科 Bignoniaceae …… 235
角蒿属 *Incarvillea* Juss. …… 235
角蒿 *Incarvillea sinensis* Lam. …… 235
六十六、列当科 Orobanchaceae …… 235
列当属 *Orobanche* L. …… 235
列当 *Orobanche coerulescens* Steph. …… 235
黄花列当 *Orobanche pycnostachya* Hance …… 236

六十七、狸藻科 Lentibulariaceae …… 236
狸藻属 *Utricularia* L. …… 236
狸藻 *Utricularia vulgaris* L. …… 236
六十八、车前科 Plantaginaceae …… 237
车前属 *Plantago* L. …… 237
盐生车前 *Plantago maritima* L. var. *salsa*（Pall.）Pilger …… 237
平车前 *Plantago depressa* Willd. …… 237
车前 *Plantago asiatica* L. …… 238
六十九、茜草科 Rubiaceae …… 238
拉拉藤属 *Galium* L. …… 238
北方拉拉藤 *Galium boreale* L. …… 238
蓬子菜 *Galium verum* L. …… 239
茜草属 *Rubia* L. …… 239
茜草 *Rubia cordifolia* L. …… 239
七十、忍冬科 Caprifoliaceae …… 240
忍冬属 *Lonicera* L. …… 240
蓝锭果忍冬 *Lonicera caerulea* L. var. *edulis* Turcz. ex Herd. …… 240
接骨木属 *Sambucus* L. …… 240
接骨木 *Sambucus williamsii* Hance …… 240
七十一、败酱科 Valerianaceae …… 241
败酱属 *Patrinia* Juss. …… 241
败酱 *Patrinia scabiosifolia* Fisch. ex Trev. …… 241
岩败酱 *Patrinia rupestris*（Pall.）Juss. …… 241
糙叶败酱 *Patrinia rupestris*（Pall.）Juss. subsp. *scabra*（Bunge）H. J. Wang …… 242
缬草属 *Valeriana* L. …… 242
毛节缬草 *Valeriana alternifolia* Bunge …… 242
七十二、川续断科 Dipsacaceae …… 243
蓝盆花属 *Scabiosa* L. …… 243
窄叶蓝盆花 *Scabiosa comosa* Fisch. ex Roem. et Schult. …… 243
华北蓝盆花 *Scabiosa tschiliensis* Grunning …… 244
七十三、桔梗科 Campanulaceae …… 244
桔梗属 *Platycodon* A. DC. …… 244
桔梗 *Platycodon grandiflorus*（Jacq.）A. DC. …… 244
风铃草属 *Campanula* L. …… 245
紫斑风铃草 *Campanula puntata* Lamk. …… 245

聚花风铃草 *Campanula glomerata* L. subsp. *cephalotes*（Nakai）Hong …245

沙参属 *Adenophora* Fisch. …246

长白沙参 *Adenophora pereskiifolia*（Fisch. ex Roem. et Schult.）G. Don …246

狭叶沙参 *Adenophora gmelinii*（Spreng.）Fisch. …247

紫沙参 *Adenophora paniculata* Nannf. …247

轮叶沙参 *Adenophora tetraphylla*（Thunb.）Fisch. …248

皱叶沙参 *Adenophora stenanthina*（Ledeb.）Kitag. var. *crispata*（Korsh.）Y. Z. Zhao …248

长柱沙参 *Adenophora stenanthina*（Ledeb.）Kitag. …249

丘沙参 *Adenophora stenanthina*（Ledeb.）Kitag. var. *collina*（Kitag.）Y. Z. Zhao …250

草原沙参 *Adenophora pratensis* Y. Z. Zhao …251

七十四、菊科 Compositae …251

泽兰属 *Eupatorium* L. …251

林泽兰 *Eupatorium lindleyanum* DC. …251

马兰属 *Kalimeris* Cass. …252

全叶马兰 *Kalimeris integrifolia* Turcz. ex DC. …252

北方马兰 *Kalimeris mongolica*（Franch.）Kitam. …252

狗娃花属 *Heteropappus* Less. …253

阿尔泰狗娃花 *Heteropappus altaicus*（Willd.）Novopokr. …253

多叶阿尔泰狗娃花 *Heteropappus altaicus*（Willd.）Novopok var. *millefolius*（Vant.）Wang …253

乳菀属 *Galatella* Cass. …254

兴安乳菀 *Galatella dahurica* DC. …254

紫菀属 *Aster* L. …254

高山紫菀 *Aster alpinus* L. …254

紫菀 *Aster tataricus* L. f. …255

莎菀属 *Arctogeron* DC. …255

莎菀 *Arctogeron gramineum*（L.）DC. …255

碱菀属 *Tripolium* Nees …256

碱菀 *Tripolium vulgare* Nees …256

短星菊属 *Brachyactis* Ledeb. …256

短星菊 *Brachyactis ciliata* Ledeb. …256

飞蓬属 *Erigeron* L. …257

长茎飞蓬 *Erigeron elongatus* Ledeb. …257

白酒草属 *Conyza* Less. ……… 257
小蓬草 *Conyza canadensis*（L.）Crongq. ……… 257
火绒草属 *Leontopodium* R. Br. ……… 258
火绒草 *Leontopodium leontopodioides*（Willd.）Beauv. ……… 258
绢茸火绒草 *Leontopodium smithianum* Hand. -Mazz. ……… 258
鼠麹草属 *Gnaphalium* L. ……… 259
湿生鼠麹草 *Gnaphalium tranzschelii* Kirp. ……… 259
旋覆花属 *Inula* L. ……… 259
棉毛旋覆花 *Inual britannica* L. var. *sublanata* Kom. ……… 259
欧亚旋覆花 *Inula britanica* L. ……… 260
棉毛欧亚旋覆花 *Inula britanica* L. var. *sublanata* Kom. ……… 261
苍耳属 *Xanthium* L. ……… 261
苍耳 *Xanthium sibiricum* Patrin ……… 261
蒙古苍耳 *Xanthium mongolicum* Kitag. ……… 262
鬼针草属 *Bidens* L. ……… 262
柳叶鬼针草 *Bidens cernua* L. ……… 262
狼杷草 *Bidens tripartita* L. ……… 263
小花鬼针草 *Bidens parviflora* Willd. ……… 263
蓍属 *Achillea* L. ……… 264
齿叶蓍 *Achillea acuminata*（Ledeb）Sch. -Bip. ……… 264
蓍 *Achillea millefolium* L. ……… 264
丝叶蓍 *Achillea setacea* Waldst ……… 265
高山蓍 *Achillea alpina* L. ……… 265
小滨菊属 *Leucanthemella* Tzvel. ……… 266
小滨菊 *Leucanthemella linearis*（Matsum.）Tzvel. ……… 266
菊属 *Dendranthema*（DC.）Des Moul. ……… 266
楔叶菊 *Dendranthema naktongense*（Nakai）Tzvel. ……… 266
细叶菊 *Dendranthema maximowiczii*（Kom.）Tzvel. ……… 267
母菊属 *Matricaria* L. ……… 268
同花母菊 *Matricaria matricarioides*（Less.）Porter ex Britton ……… 268
菊蒿属 *Tanacetum* L. ……… 268
菊蒿 *Tanacetum vulgare* L. ……… 268
线叶菊属 *Filifolium* Kitam. ……… 269
线叶菊 *Filifolium sibiricum*（L.）Kitam. ……… 269

蒿属 *Artemisia* L. …… 270
大籽蒿 *Artemisia sieversiana* Ehrhart ex Willd. …… 270
碱蒿 *Artemisia anethifolia* Web. ex Stechm. …… 270
莳萝蒿 *Artemisia anethoides* Mattf. …… 271
冷蒿 *Artemisia frigida* Willd. …… 271
紫花冷蒿 *Artemisia frigida* Willd. var. *atropurpurea* Pamp. …… 272
宽叶蒿 *Artemisia latifolia* Ledeb. …… 272
白莲蒿 *Artemisia sacrorum* Ledeb. …… 273
黄花蒿 *Artemisia annua* L. …… 273
密毛白莲蒿 *Artemisia sacrorum* Ledeb. var. *messerchmidtiana*（Bess.）Y. R. Ling …… 274
黑蒿 *Artemisia palustris* L. …… 275
艾 *Artemisia argyi* Levl. et Van. …… 276
野艾蒿 *Artemisia lavandulaefolia* DC. …… 276
柳叶蒿 *Artemisia integrifolia* L. …… 277
蒙古蒿 *Artemisia mongolica* Nakai …… 278
龙蒿 *Artemisia dracunculus* L. …… 278
差不嘎蒿 *Artemisia halodendron* Turcz. …… 279
光沙蒿 *Artemisia oxycephala* Kitag. …… 279
柔毛蒿 *Artemisia pubescens* Ledeb. …… 280
猪毛蒿 *Artemisia scoparia* Waldst. et Kit. …… 281
东北牡蒿 *Artemisia manshurica*（Kom.）Kom. …… 281
黄金蒿 *Artemisia aurata* Kom. …… 282
漠蒿 *Artemisia desertorum* Spreng. …… 283
绢蒿属 *Seriphidium*（Bess.）Poljak. …… 283
东北蛔蒿 *Seriphidium finitum*（Kitag.）Ling et Y. R. Ling …… 283
蟹甲草属 *Cacalia* L. …… 284
山尖子 *Cacalia hastata* L. …… 284
无毛山尖子 *Cacalia hastam* L. var. *glabra* Ledeb. …… 284
栉叶蒿属 *Neopallasia* Poljak. …… 285
栉叶蒿 *Neopallasia pectinata*（Pall.）Poljak. …… 285
狗舌草属 *Tephroseris*（Reichenb.）Reichenb. …… 285
红轮狗舌草 *Tephroseris flammea*（Turcz. ex DC.）Holub …… 285
狗舌草 *Tephroseris kirilowii*（Turcz. ex DC.）Holub …… 286

千里光属 *Senecio* L. …… 287

麻叶千里光 *Senecio cannabifolius* Less. …… 287

额河千里光 *Senecio argunensis* Turcz. …… 287

林阴千里光 *Senecio nemorensis* L. …… 288

蓝刺头属 *Echinops* L. …… 288

砂蓝刺头 *Echinops gmelinii* Turcz. …… 288

驴欺口 *Echinops latifolius* Tausch. …… 289

橐吾属 *Ligularia* Cass. …… 290

蹄叶橐吾 *Ligularia fischeri*（Ledeb.）Turcz. …… 290

风毛菊属 *Saussurea* DC. …… 291

美花风毛菊 *Saussurea pulchella*（Fisch.）Fisch. …… 291

草地风毛菊 *Saussurea amara*（L.）DC. …… 291

翼茎风毛菊 *Saussurea japonica*（Thunb.）DC. var. *alata*（Regel）Kom. …… 292

达乌里风毛菊 *Saussurea davurica* Adam. …… 292

柳叶风毛菊 *Saussurea salicifolia*（L.）DC. …… 293

碱地风毛菊 *Saussurea runcinata* DC. …… 293

羽叶风毛菊 *Saussurea maximowiczii* Herd. …… 294

密花风毛菊 *Saussurea acuminata* Turcz. …… 294

飞廉属 *Carduus* L. …… 295

飞廉 *Carduus crispus* L. …… 295

蓟属 *Cirsium* Mill. emend. Scop. …… 296

绒背蓟 *Cirsium vlassovianum* Fisch. …… 296

莲座蓟 *Cirsium esculentum*（Sievers）C. A. Mey. …… 296

刺儿菜 *Cirsiu segetum* Bunge …… 297

大刺儿菜 *Cirsium setosum*（Willd.）MB. …… 298

烟管蓟 *Cirsium pendulum* Fisch. ex DC. …… 299

麻花头属 *Serratula* L. …… 299

麻花头 *Serratula centauroides* L. …… 299

伪泥胡菜 *Serratula coronata* L. …… 300

钟苞麻花头 *Serratula marginata* Tausch. …… 301

多头麻花头 *Serratula polycephala* Iljin …… 302

漏芦属 *Stemmacantha* Cass. …… 302

漏芦 *Stemmacantha uniflora*（L.）Dittrich …… 302

山牛蒡属 *Synurus* Iljin …… 303

山牛蒡 *Synurus deltoides*（Ait.）Nakai …… 303

大丁草属 *Leibnitzia* Cass. ······ 304
大丁草 *Leibnitzia anandria*（L.）Turcz. ······ 304
猫儿菊属 *Achyrophorus* Adans. ······ 304
猫儿菊 *Achyrophorus ciliatus*（Thunb.）Sch. -Bip. ······ 304
婆罗门参属 *Tragopogon* L. ······ 305
东方婆罗门参 *Tragopogon orientalis* L. ······ 305
鸦葱属 *Scorzonera* L. ······ 306
笔管草 *Scorzonera albicaulis* Bunge ······ 306
毛梗鸦葱 *Scorzonera radiata* Fisch. ······ 307
丝叶鸦葱 *Scorzonera curvata*（Popl.）Lipsch. ······ 307
桃叶鸦葱 *Scorzonera sinensis* Lipsch. ······ 308
毛连菜属 *Picris* L. ······ 308
毛连菜 *Picris davurica* Fisch. ······ 308
蒲公英属 *Taraxacum* Weber ······ 309
白花蒲公英 *Taraxacum pseudo-albidum* Kitag. ······ 309
东北蒲公英 *Taraxacum ohwianum* Kitam. ······ 309
蒲公英 *Taraxacum mongolicum* Hand. -Mazz. ······ 310
兴安蒲公英 *Taraxacum falcilobum* Kitag. ······ 310
异苞蒲公英 *Taraxacum heterolepis* Nakai et Koidz. ex Kitag. ······ 311
光苞蒲公英 *Taraxacum lamprolepis* Kitag. ······ 311
红梗蒲公英 *Taraxacum erythropodium* Kitag. ······ 312
山莴苣属 *Lagedium* Sojak ······ 312
山莴苣 *Lagedium sibiricum*（L.）Sojak ······ 312
苦苣菜属 *Sonchus* L. ······ 313
苣荬菜 *Sonchus arvensis* L. ······ 313
翅果菊属 *Pterocypsela* Shih ······ 314
多裂翅果菊 *Pterocypsela indica* Shih L. var. *laciniata*（Houtt.）H. C. Fu ······ 314
莴苣属 *Lactuca* L. ······ 315
野莴苣 *Lactuca seriola* Torner ······ 315
还阳参属 *Crepis* L. ······ 315
屋根草 *Crepis tectorum* L. ······ 315
还阳参 *Crepis crocea*（Lam.）Babc. ······ 316
黄鹌菜属 *Youngia* Cass. ······ 316
细叶黄鹌菜 *Youngia tenuifolia*（Willd.）Babc. et Stebb. ······ 316

苦荬菜属 *Ixeris* Cass. ………… 317
抱茎苦荬菜 *Ixeris sonchifolia* (Bunge) Hance………… 317
山苦荬 *Ixeris chinensis* (Thunb.) Nakai ………… 317
中华苦荬菜 *Ixeris chinensis* (Thunb.) Kitag. subsp. *chinensis* ………… 318
山柳菊属 *Hieracium* L.………… 318
全缘山柳菊 *Hieracium hololeion* Maxim. ………… 318
山柳菊 *Hieracium umbellatum* L. ………… 319
七十五、香蒲科 Typhaceae ………… 320
香蒲属 *Typha* L. ………… 320
宽叶香蒲 *Typha latifolia* L. ………… 320
小香蒲 *Typha minima* Funk ………… 320
七十六、黑三棱科 Sparganiaceae ………… 321
黑三棱属 *Sparganium* L. ………… 321
黑三棱 *Sparganium stoloniferum* (Graebn.) Buch. -Ham. ………… 321
七十七、眼子菜科 Potamogetonacese ………… 321
眼子菜属 *Potamogeton* L. ………… 321
穿叶眼子菜 *Potamogeton perfoliatus* L. ………… 321
七十八、水麦冬科 Juncaginaceae ………… 322
水麦冬属 *Triglochin* L.………… 322
海韭菜 *Triglochin maritimum* L. ………… 322
水麦冬 *Triglochin palustre* L. ………… 322
七十九、泽泻科 Alismataceae ………… 323
泽泻属 *Alisma* L. ………… 323
泽泻 *Alisma orientale* (Sam.) Juz. ………… 323
草泽泻 *Alisma gramineum* Lejeune ………… 323
慈姑属 *Sagittaria* L. ………… 324
野慈姑 *Sagittaria trifolia* L.………… 324
浮叶慈姑 *Sagittaria natans* Pall. ………… 324
八十、花蔺科 Butomaceae ………… 325
花蔺属 *Butomus* L. ………… 325
花蔺 *Butomus umbellatus* L. ………… 325
八十一、禾本科 Gramineae ………… 326
菰属 *Zizania* L. ………… 326
菰 *Zizania latifolia* (Griseb.) Stapf ………… 326

芦苇属 *Phragmites* Adans. …… 326
芦苇 *Phragmites australis*（Cav.）Trin. ex Steudel …… 326
甜茅属 *Glyceria* R. Br. …… 327
水甜茅 *Glyceria triflora*（Korsh.）Kom. …… 327
沿沟草属 *Catabrosa* Beauv. …… 327
沿沟草 *Catabrosa aquatica*（L.）Beauv. …… 327
羊茅属 *Festuca* L. …… 328
达乌里羊茅 *Festuca dahurica*（St. -Yves）V. Krecz. et Bobr. …… 328
羊茅 *Festuca ovina* L. …… 328
早熟禾属 *Poa* L. …… 329
散穗早熟禾 *Poa subfastigiata* Trin. …… 329
草地早熟禾 *Poa pratensis* L. …… 329
硬质早熟禾 *Leymus sphondylodes* Trin. ex Bunge …… 330
碱茅属 *Puccinellia* Parl. …… 330
星星草 *Puccinellia tenuiflora*（Griseb.）Scribn. et Merr. …… 330
雀麦属 *Bromus* L. …… 331
无芒雀麦 *Bromus inermis* Leyss. …… 331
披碱草属 *Elymus* L. …… 331
垂穗披碱草 *Elymus nutans* Griseb. …… 331
披碱草 *Elymus dahuricus* Turcz. …… 332
圆柱披碱草 *Elymus cylindricus*（Franch.）Honda …… 332
鹅观草属 *Roegneria* C. Koch …… 333
紫穗鹅观草 *Roegneria purpurascens* Keng …… 333
偃麦草属 *Elytrigia* Desv. …… 333
偃麦草 *Elytrigia repens*（L.）Desv. ex Nevski …… 333
冰草属 *Agropyron* Gaertn. …… 334
冰草 *Agropyron cristatum*（L.）Gaertn. …… 334
赖草属 *Leymus* Hochst. …… 334
羊草 *Leymus chinensis*（Trin.）Tzvel. …… 334
赖草 *Leymus secalinus*（Georgi）Tzvel. …… 335
大麦属 *Hordeum* L. …… 335
短芒大麦草 *Hordeum brevisubulatum*（Trin.）Link …… 335
芒麦草 *Hordeum jubatum* Linn. …… 336
小药大麦草 *Hordeum roshevitzii* Bowd. …… 336

燕麦属 *Avena* L. …… 337
野燕麦 *Avena fatua* L. …… 337
落草属 *Koeleria* Pers. …… 338
落草 *Koeleria cristata*（L.）Pers. …… 338
茅香属 *Hierochloe* R. Br. …… 338
光稃茅香 *Anthoxanthum glabra* Trin. …… 338
看麦娘属 *Alopecurus* L. …… 339
短穗看麦娘 *Alopecurus brachystachyus* Bieb. …… 339
苇状看麦娘 *Alopecurus arundinaceus* Poir. …… 339
看麦娘 *Alopecurus aequalis* Sobol. …… 340
拂子茅属 *Calamagrostis* Adans. …… 340
大拂子茅 *Calamagrostis macrolepis* Litv. …… 340
拂子茅 *Calamagrostis epigejos*（L.）Roth …… 341
假苇拂子茅 *Calamagrostis pseudophragmites*（Hall. f.）Koeler. …… 341
菵草属 *Beckmannia* Host …… 342
菵草 *Beckmannia syzigachne*（Steud.）Fernald …… 342
野青茅属 *Deyeuxia* Clarion …… 343
大叶章 *Deyeuxia langsdorffii*（Link）Kunth …… 343
翦股颖属 *Agrostis* L. …… 343
巨序翦股颖 *Agrostis gigantea* Roth …… 343
歧序翦股颖 *Agrostis divaricatissima* Mez …… 344
针茅属 *Stipa* L. …… 344
克氏针茅 *Stipa krylovii* Roshev. …… 344
大针茅 *Stipa grandis* P. Smirn. …… 345
贝加尔针茅 *Stipa baicalensis* Roshev. …… 346
芨芨草属 *Achnatherum* Beauv …… 346
芨芨草 *Achnatherum splendens*（Trin.）Nevski …… 346
羽茅 *Achnatherum sibiricum*（L.）Keng …… 347
画眉草属 *Eragrostis* Beavr. …… 347
画眉草 *Eragrostia pilosa*（L.）Beauv. …… 347
无毛画眉草 *Eragrostis pilosa*（L.）Beauv. var. *imberbis* Franch. …… 348
小画眉草 *Eragrostis minor* Host …… 348
隐子草属 *Cleistogenes* Keng …… 349
糙隐子草 *Cleistogenes squarrosa*（Trin.）Keng …… 349
中华隐子草 *Cleistogenes chinensis*（Maxim.）Keng …… 349

虎尾草属 *Chloris* Swartz …… 350
虎尾草 *Chloris virgata* Swartz …… 350
稗属 *Echinochloa* Beauv. …… 350
无芒稗 *Echinochloa crusgalli*（L.）Beauv. var. *mitis*（Pursh）Peterm …… 350
长芒稗 *Echinochloa canudata* Roshev. …… 351
狼尾草属 *Pennisetum* Rich. …… 351
白草 *Pennisetum centrasiaticum* Tzvel. …… 351
狗尾草属 *Setaria* Beauv. …… 352
金色狗尾草 *Setaria glauca*（L.）Beauv. …… 352
狗尾草 *Setaria viridis*（L.）Beauv. …… 352
紫穗狗尾草 *Setaria viridis*（L.）Beauv. var. *purpurascens* Maxim. …… 353
八十二、莎草科 Cyperaceae …… 353
藨草属 *Scirpus* L. …… 353
荆三棱 *Scirpus yagara* Ohwi …… 353
扁秆藨草 *Scirpus planiculmis* Fr. Schmidt …… 354
单穗藨草 *Scirpus radicans* Schkuhr …… 354
东方藨草 *Scirpus orientalis* Ohwi …… 355
水葱 *Scirpus tabernaemontani* Gmel. …… 355
羊胡子草属 *Eriophorum* L. …… 356
羊胡子草 *Eriophorum vaginatum* L. …… 356
荸荠属 *Eleocharis* R. Br. …… 356
卵穗荸荠 *Eleocharis ovata*（Roth）Roem. et Schult. …… 356
中间型荸荠 *Eleocharis intersita* Zinserl. …… 357
水莎草属 *Juncellus*（Kunth）C. B. Clarke …… 357
花穗水莎草 *Juncellus pannonicus*（Jacq.）C. B. clarke …… 357
扁莎属 *Pycreus* Beauv. …… 358
球穗扁莎 *Pycreus globosus*（All.）Reichb. …… 358
苔草属 *Carex* L. …… 358
尖嘴苔草 *Carex leiorhyncha* C. A. Mey. …… 358
假尖嘴苔草 *Carex laevissima* Nakai …… 359
寸草苔 *Carex duriuscula* C. A. Mey …… 359
砾苔草 *Carex stenophylloides* V. Krecz. …… 360
小粒苔草 *Carex karoi* Freyn …… 360
细形苔草 *Carex tenuiformis* Levl. et Vant. …… 361
脚苔草 *Carex pediformis* C. A. Mey. …… 361

离穗苔草 *Carex eremopyroides* V. Krecz. …… 362
扁囊苔草 *Carex coriophora* Fisch. et Mey. ex Kunth …… 362
黄囊苔草 *Carex korshinskyi* Kom. …… 363
八十三、天南星科 Araceae …… 363
菖蒲属 *Acorus* L. …… 363
菖蒲 *Acorus calamus* L. …… 363
八十四、浮萍科 Lemnaceae …… 364
紫萍属 *Spirodela* Schleid. …… 364
紫萍 *Spirodela polyrhiza*（L.）Schleid. …… 364
八十五、鸭跖草科 Commelinaceae …… 364
鸭跖草属 *Commelina* L. …… 364
鸭跖草 *Commelina communis* L. …… 364
八十六、灯心草科 Juncaceae …… 365
灯心草属 *Juncus* L. …… 365
细灯心草 *Juncus gracillimus*（Buch.）Krecz. et Gontsch. …… 365
八十七、百合科 Liliaceae …… 365
萱草属 *Hemerocallis* L. …… 365
小黄花菜 *Hemerocallis minor* Mill. …… 365
藜芦属 *Veratrum* L. …… 366
藜芦 *Veratrum nigrum* L. …… 366
兴安藜芦 *Veratrum dahuricum*（Turcz.）Loes. f. …… 367
顶冰花属 *Gagea* Salisb. …… 368
少花顶冰花 *Gagea pauciflora* Turcz. …… 368
百合属 *Lilium* L. …… 368
有斑百合 *Lilium concolor* Salisb. var. *pulchellum*（Fisch.）Regel …… 368
山丹 *Lilium pumilum* DC. …… 369
毛百合 *Lilium dauricum* Ker. -Gawl. …… 370
葱属 *Allium* L. …… 370
辉韭 *Allium strictum* Schard. …… 370
野韭 *Allium ramosum* L. …… 371
碱韭 *Allium polyrhizum* Turcz. ex Regel …… 371
蒙古韭 *Allium mongolicum* Regel …… 372
砂韭 *Allium bidentatum* Fisch. ex Prokh. …… 372
山韭 *Allium senescens* L. …… 373
细叶韭 *Allium tenuissimum* L. …… 374

矮韭 *Allium anisopodium* Ledeb. ······ 374
黄花葱 *Allium condensatum* Turcz. ······ 375
铃兰属 *Convallaria* L. ······ 375
铃兰 *Convallaria majalis* L. ······ 375
舞鹤草属 *Maianthemum* Web. ······ 376
舞鹤草 *Maianthemum bifolium*（L.）F. W. Schmidt ······ 376
黄精属 *Polygonatum* Mill. ······ 376
小玉竹 *Polygonatum humile* Fisch. ex Maxim. ······ 376
玉竹 *Polygonatum odoratum*（Mill.）Druce ······ 377
黄精 *Polygonatum sibiricum* Delar. ex Redoute ······ 377
天门冬属 *Asparagus* L. ······ 378
兴安天门冬 *Asparagus dauricus* Fish ex Link ······ 378
八十八、鸢尾科 Iridaceae ······ 378
鸢尾属 *Iris* L. ······ 378
细叶鸢尾 *Iris tenuifolia* Pall. ······ 378
射干鸢尾 *Iris dichotoma* Pall. ······ 379
囊花鸢尾 *Iris ventricosa* Pall. ······ 380
粗根鸢尾 *Iris tigridia* Bunge ······ 380
马蔺 *Iris lactea* Pall. var. *chinensis*（Fisch.）Koidz. ······ 381
黄花鸢尾 *Iris flavssima* Pall. ······ 381
溪荪 *Iris sanguinea* Donn ex Hornem ······ 382
单花鸢尾 *Iris uniflora* Pall. ex Link ······ 383
八十九、兰科 Orchidaceae ······ 383
杓兰属 *Cypripedium* L. ······ 383
斑花杓兰 *Cypripedium guttatum* Sw. ······ 383
手参属 *Gymnadenia* R. Br. ······ 384
手掌参 *Gymnadenia conopsea*（L.）R. Br. ······ 384
绶草属 *Spiranthes* Rich ······ 385
绶草 *Spiranthes sinensis*（Pers.）Ames. ······ 385
沼兰属 *Malaxis* Soland ex Sw. ······ 386
沼兰 *Malaxis monophyllos*（L.）Sw. ······ 386

中文索引 ······ 387

拉丁文索引 ······ 396

卷柏 *Selaginella tamariscina*（Beauv.）Spring

问荆 *Equisetum arvense* L.

林问荆 *Equisetum sylvaticum* L.

草问荆 *Equisetum pratense* Ehrh.

木贼科 Equisetaceae ‖ 木贼属 *Equisetum* L.

水问荆 *Equisetum fluviatile* L.

节节草 *Equisetum ramosissimum* Desf.

蕨 *Pteridium aquilinum*（L.）Kuhn var. *latiusculum*（Desv.）Underw.ex Heller.

银粉背蕨 *Aleuritopteris argentea*（Gmél.）Fée

羽节蕨 *Gymnocarpium disjunctum*（Rupr.）Ching

岩蕨 *Woodsia ilvensis*（L.）R. Br.

槐叶苹 *Salvinia natans*（L.）All.

兴安落叶松 *Larix gmelinii*（Rupr.）Rupr.

樟子松 *Pinus sylvestris* L. var. *mongolica* Litv.

草麻黄 *Ephedra sinica* Stapf

山杨 *Populus davidiana* Dode

小红柳 *Salix microstachya* Turcz. apud Trautv. var. *bordensis*（Nakai ）C. F. Fang

杨柳科 Salicaceae 柳属 *Salix* L.

筐柳 *Salix linearistipularis*（Franch.）Hao

兴安柳 *Salix hsinganica* Chang et Skv.

杨柳科 Salicaceae | 柳属 *Salix* L.

五蕊柳 *Salix pentandra* L.

三蕊柳 *Salix triandra* L.

黄柳 *Salix gordejevii* Y. L. Chang et Skv.

细叶沼柳 *Salix rosmarinifolia* L.

杨柳科 Salicaceae ‖ 柳属 *Salix* L.

沼柳 *Salix rosmarinifolia* L. var. *brachypoda*（Trautv.et Mey.）Y. L. Chou

白桦 *Betula platyphylla* Suk.

大果榆 *Ulmus macrocarpa* Hance

家榆 *Ulmus pumila* L.

葎草 *Humulus scandens*（Lour.）Merr.

野大麻（变型）*Cannabis sativa* L. f. *ruderalis*（Janisch.）Chu

麻叶荨麻 *Urtica cannabina* L.

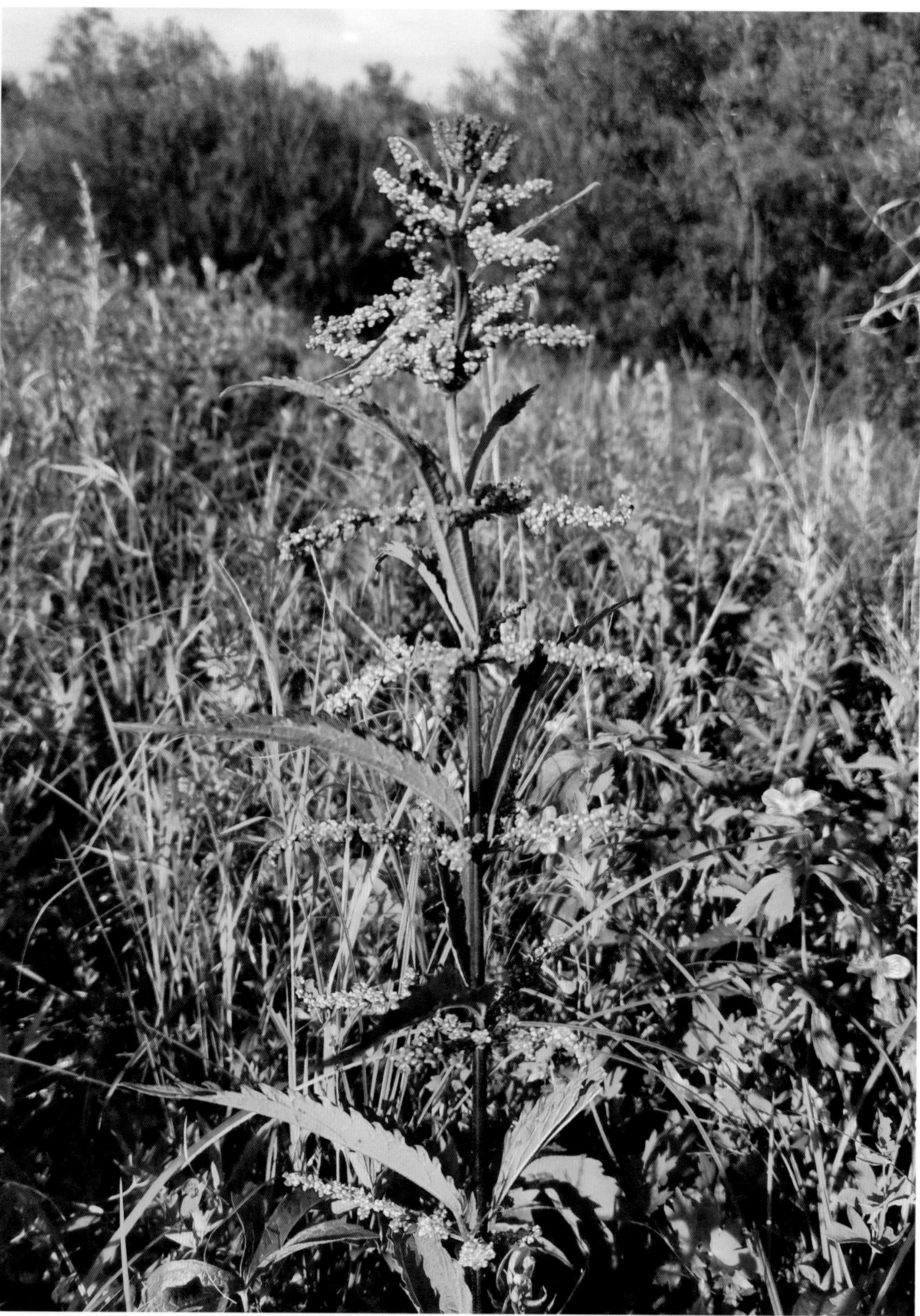

狭叶荨麻 *Urtica angustifolia* Fisch. ex Hornem.

百蕊草 *Thesium chinense* Turcz.

檀香科 Santalaceae | 百蕊草属 *Thesium* L.

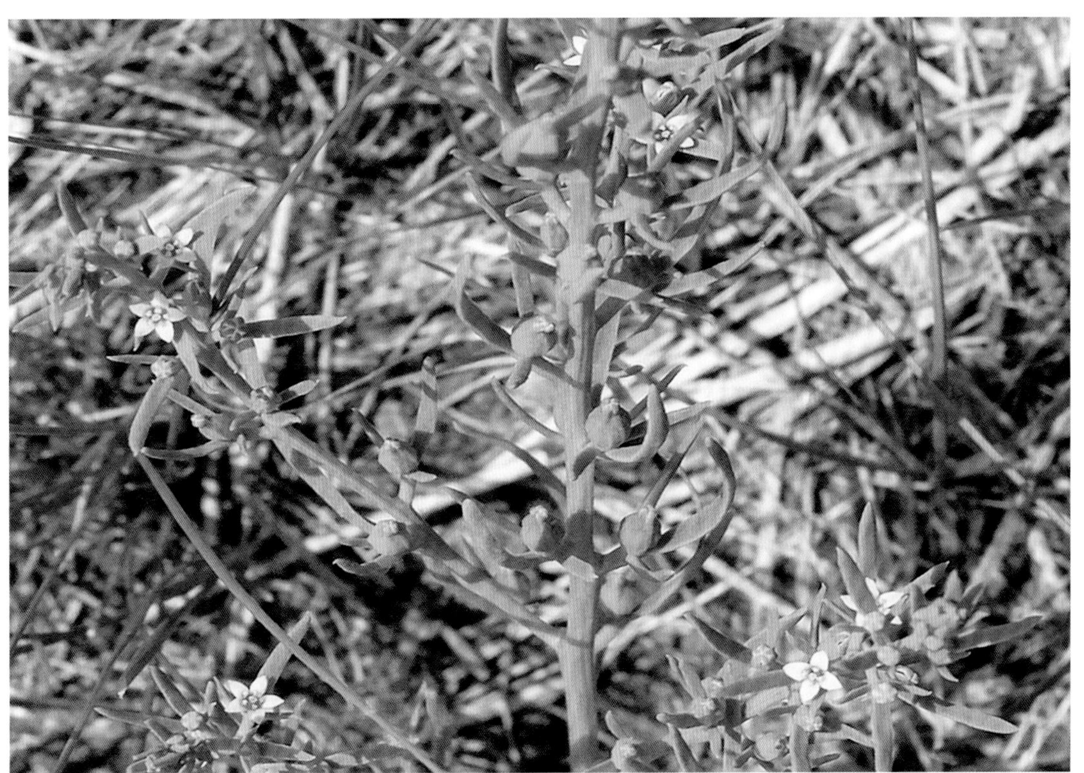

长叶百蕊草 *Thesium longifolium* Turcz.

急折百蕊草 *Thesium refractum* C.A. Mey.

槲寄生 *Viscum coloratum*（Kom.）Nakai

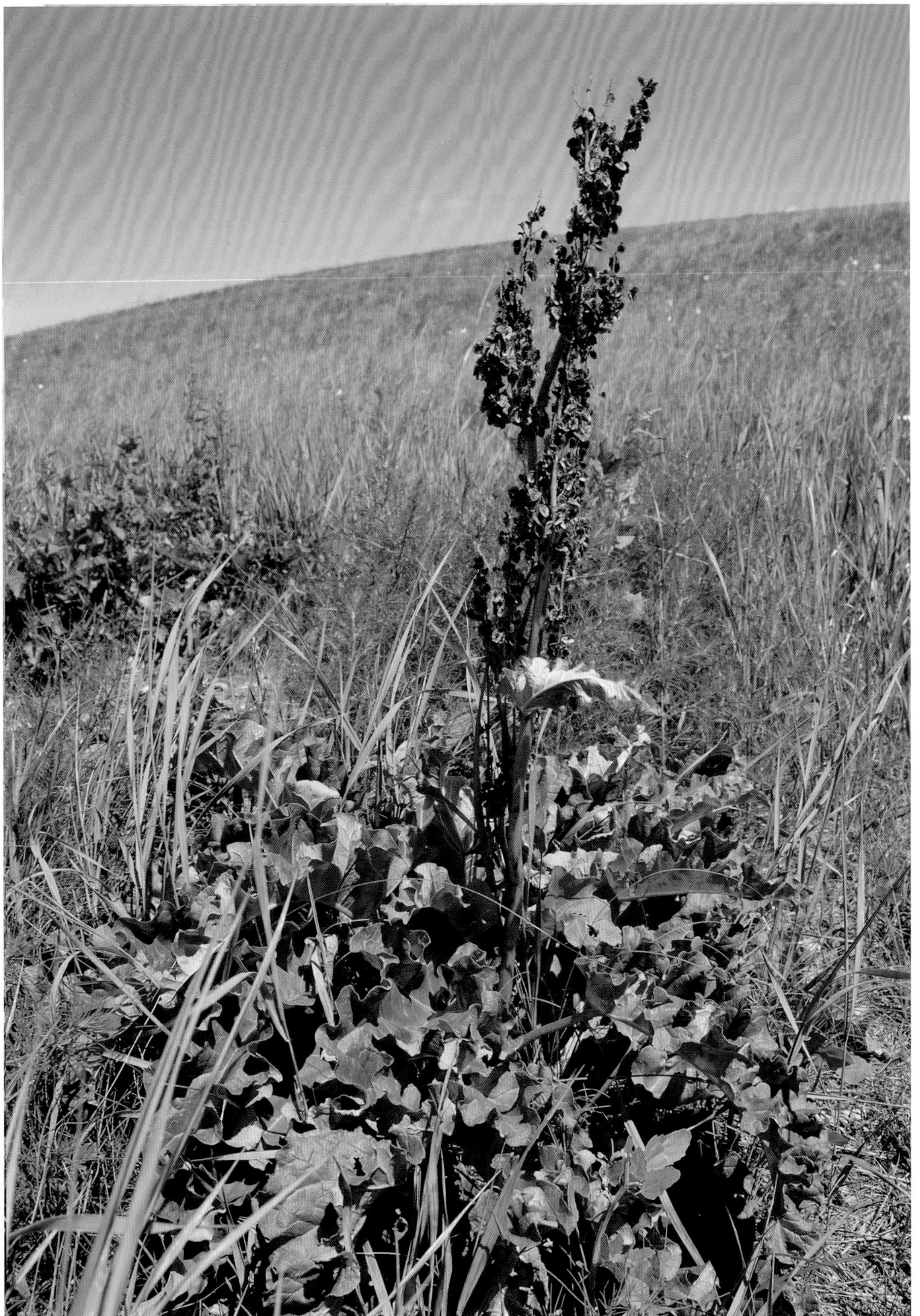

波叶大黄 *Rheum undulatum* L.

华北大黄 *Rheum franzenbachii* Munt.

小酸模 *Rumex acetosella* L.

酸模 *Rumex acetosa* L.

皱叶酸模 *Rumex crispus* L.

蓼科 Polygonaceae ‖ 酸模属 *Rumex* L.

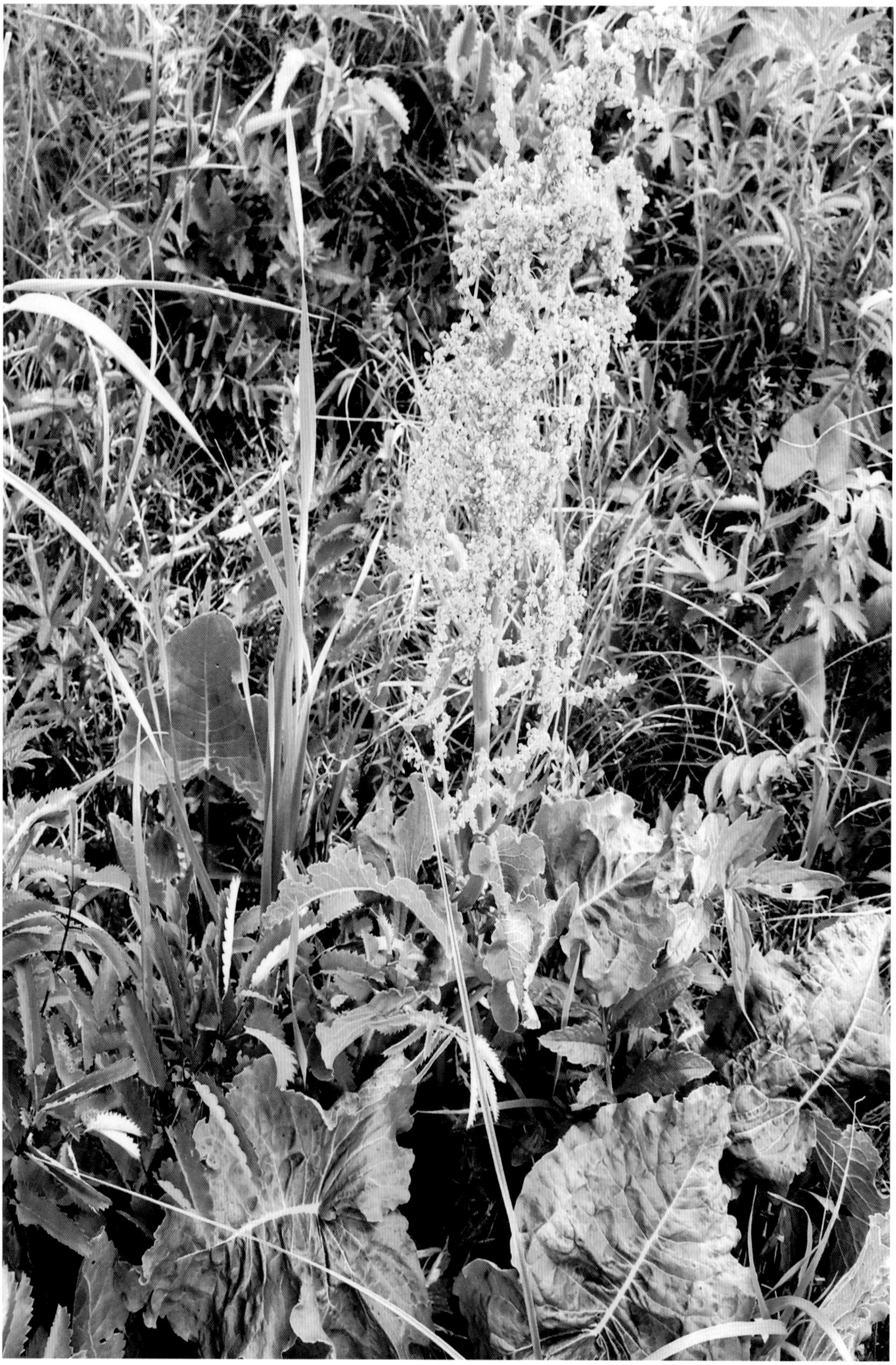

毛脉酸模 *Rumex gmelinii* Turcz.

狭叶酸模 *Rumex stenophyllus* Ledeb.

蓼科 Polygonaceae | 酸模属 *Rumex* L.

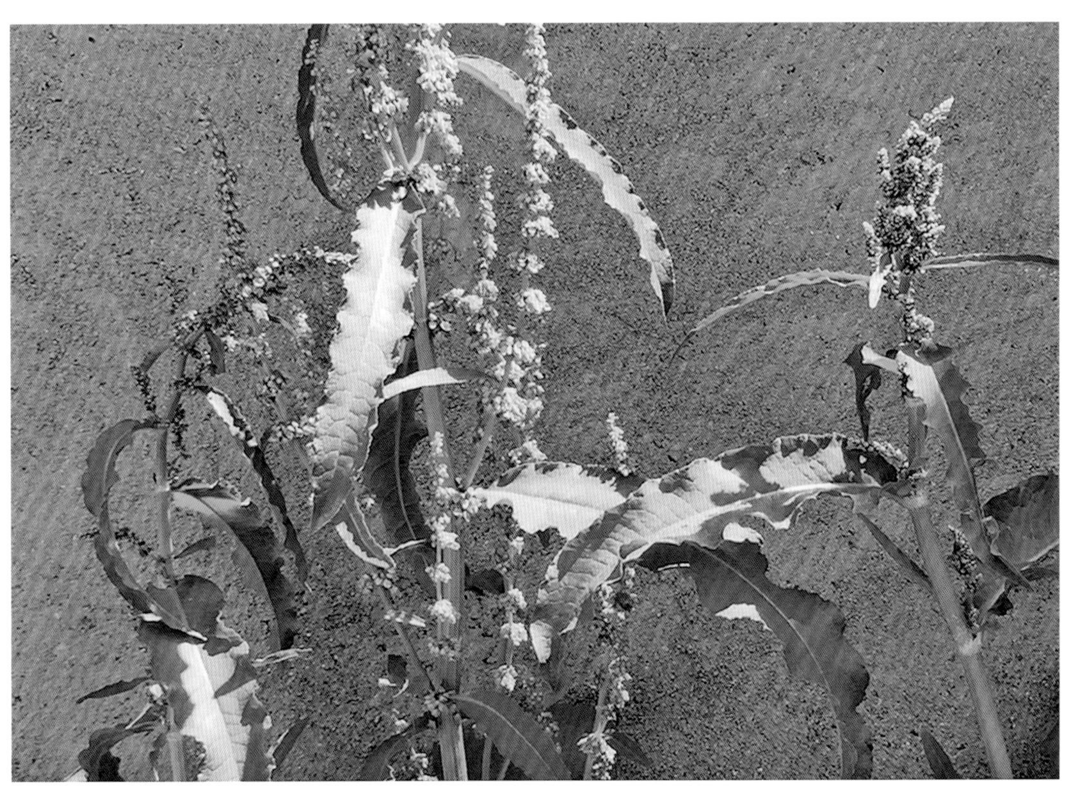

巴天酸模 *Rumex patientia* L.

长刺酸模 *Rumex martimus* L.

萹蓄 *Polygonum aviculare* L.

两栖蓼 *Polygonum amphibium* L.

桃叶蓼 *Polygonum persicaria* L.

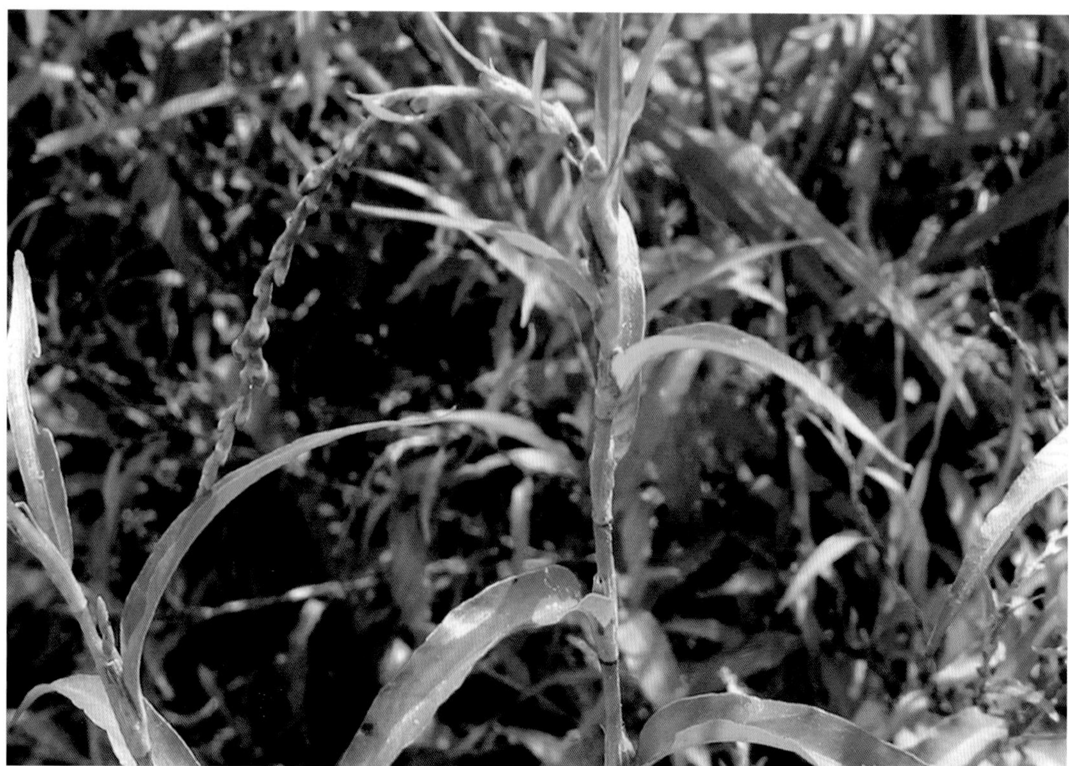

水蓼 *Polygonum hydropiper* L.

蓼科 Polygonaceae ‖ 蓼属 *Polygonum* L.

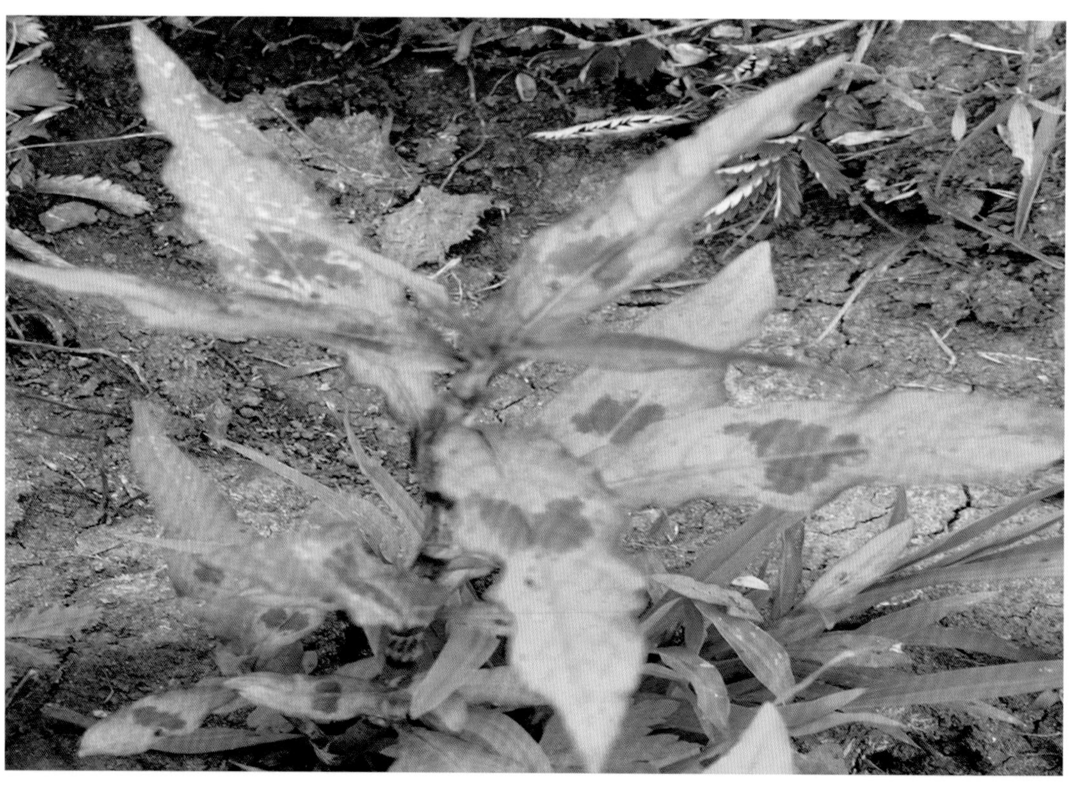

酸模叶蓼 *Polygonum lapathifolium* L.

西伯利亚蓼 *Polygonum sibiricum* Laxm.

细叶蓼 *Polygonum angustifolium* Pall.

蓼科 Polygonaceae 蓼属 *Polygonum* L.

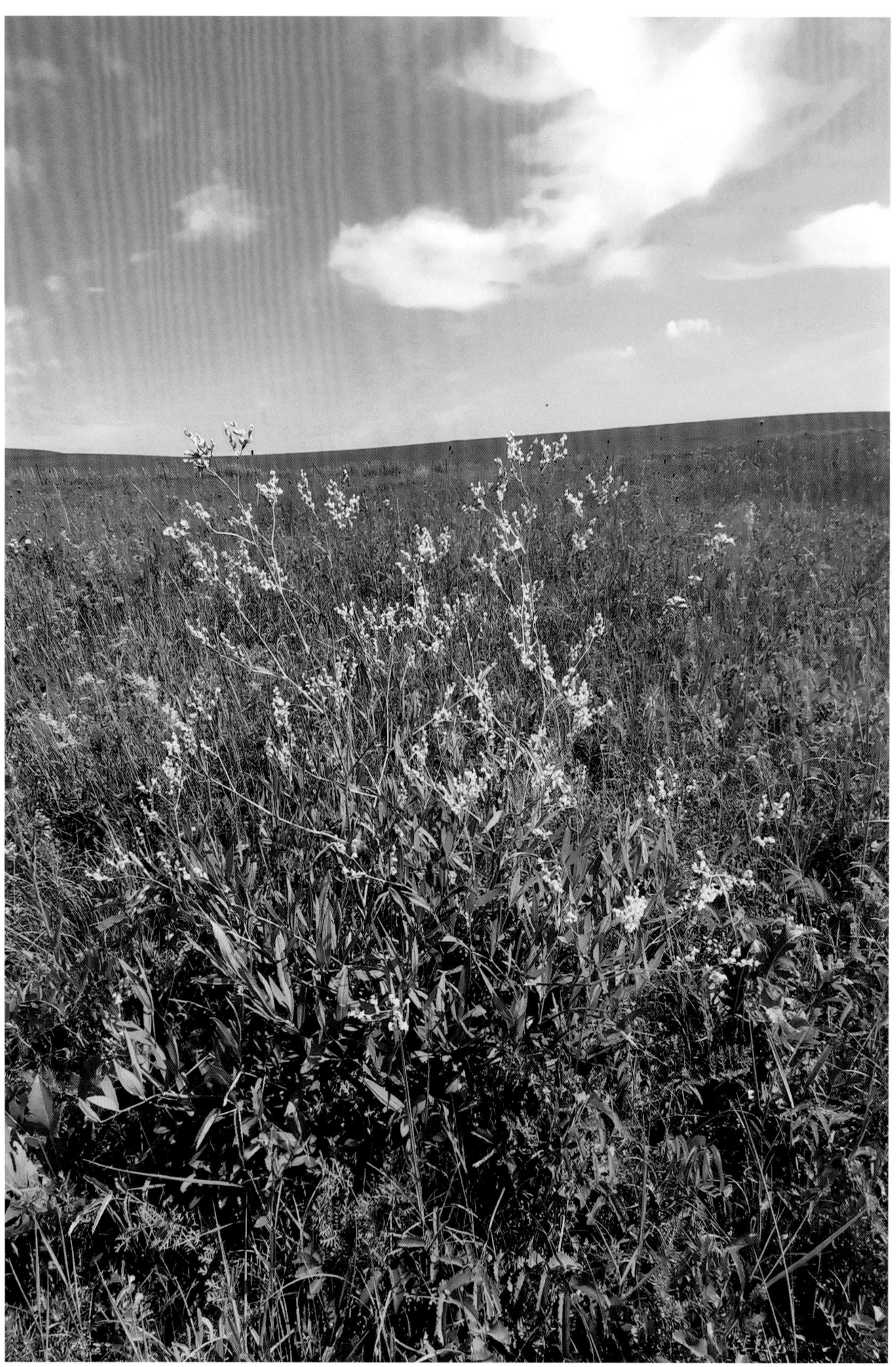

叉分蓼 *Polygonum divaricatum* L.

拳参 *Polygonum bistorta* L.

箭叶蓼 *Polygonum sieboldii* Meisn.

蓼科 Polygonaceae | 蓼属 *Polygonum* L.

卷茎蓼 *Polygonum convolvulus* L.

苦荞麦 *Fagopyrum tataricum*（L.）Gaertn.

刺沙蓬 *Salsola pestifer* A.Nelson.

猪毛菜 *Salsola collina* Pall.

藜科 Chenopodiaceae | 猪毛菜属 *Salsola* L.

木地肤 *Kochia prostrata*（L.）Schrad.

藜科 Chenopodiaceae ‖ 地肤属 *Kochia* Roth

地肤 *Kochia scoparia*（L.）Schrad.

碱地肤 *Kochia scoparia*（L.）Schrad.var. *sieversiana*（Pall.）Ulbr. ex Aschers. et Graebn.

盐爪爪 *Kalidium foliatum*（Pall.）Moq.

滨藜 *Atriplex patens*（Litv.）Iljin

藜科 Chenopodiaceae ‖ 滨藜属 *Atriplex* L.

西伯利亚滨藜 *Atriplex sibirica* L.

野滨藜 *Atriplex fera*（L.）Bunge

碱蓬 *Suaeda glauca*（Bunge）Bunge

角果碱蓬 *Suaeda corniculata*（C. A. Mey.）Bunge

藜科 Chenopodiaceae ‖ 碱蓬属 *Suaeda* Forsk.

盐地碱蓬 *Suaeda salsa*（L.）Pall.

沙蓬 *Agriophyllum pungens*（Vahl）Link ex A.Dietr.

兴安虫实 *Corispermum chinganicum* Iljin

绳虫实 *Corispermum declinatum* Steph. ex Stev.

轴藜 *Axyris amaranthoides* L.

藜科 Chenopodiaceae | 轴藜属 *Axyris* L.

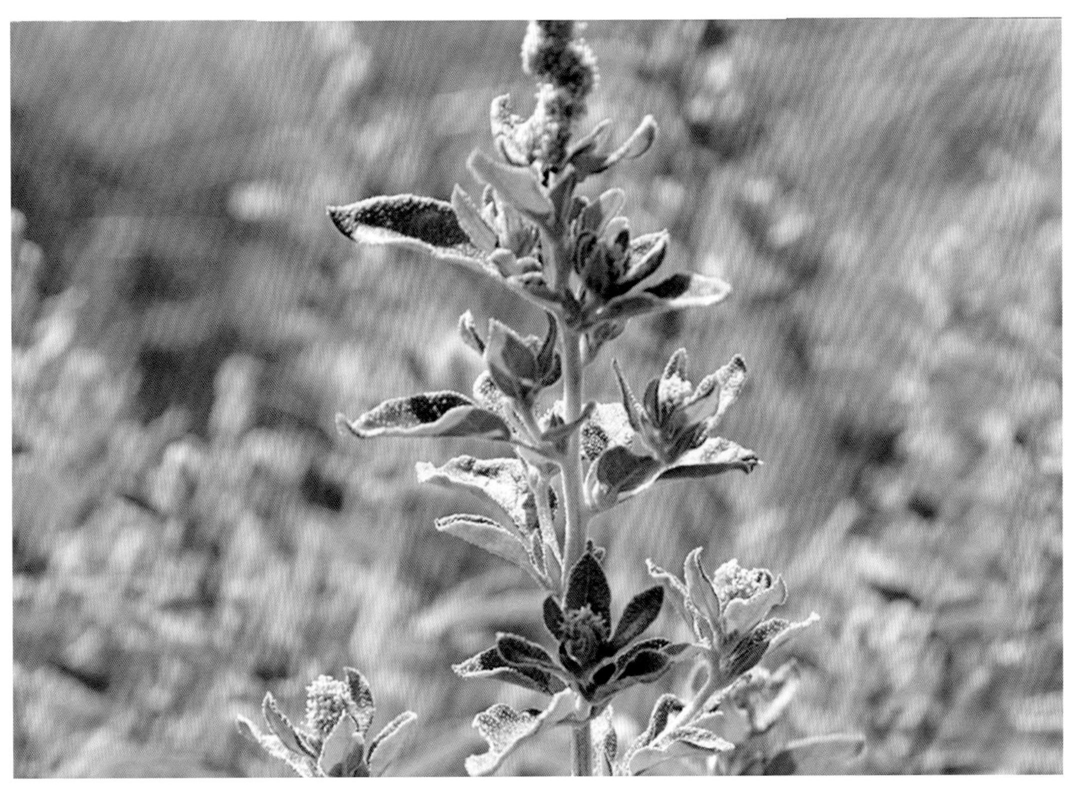

杂配轴藜 *Axyris hybrida* L.

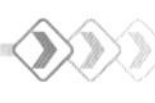

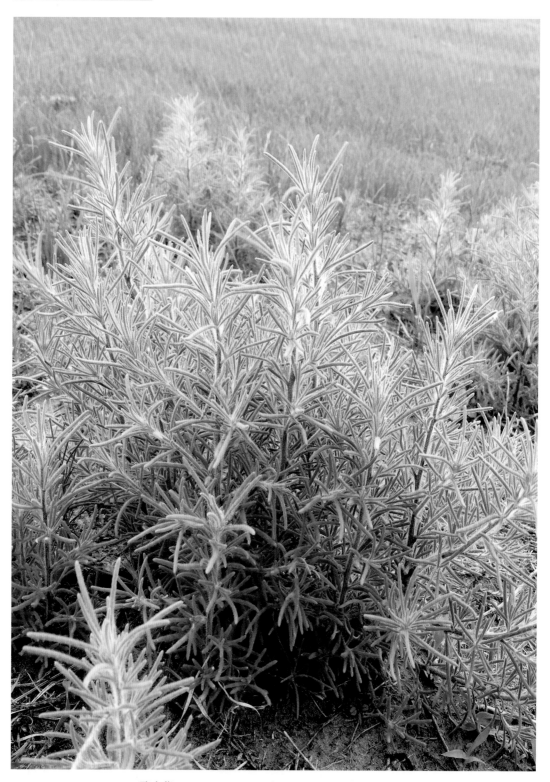

雾冰藜 *Bassia dasyphylla*（Fisch. et Mey.）O. Kuntze

刺藜 *Chenopodium aristatum* L.

灰绿藜 *Chenopodium glaucum* L.

藜科 Chenopodiaceae ‖ 藜属 *Chenopodium* L.

尖头叶藜 *Chenopodium acuminatum* Willd.

藜科 Chenopodiaceae ▌藜属 *Chenopodium* L.

狭叶尖头叶藜 *Chenopodium acuminatum* Willd. subsp. *virgatum*（Thunb.）Kitam.

东亚市藜 *Chenopodium urbicum* L. subsp. *sinicum* Kung et G.L. Chu

杂配藜 *Chenopodium hybridum* L.

藜科 Chenopodiaceae | 藜属 *Chenopodium* L.

藜 *Chenopodium album* L.

藜科 Chenopodiaceae ‖ 藜属 *Chenopodium* L.

菱叶藜 *Chenopodium bryoniaefolium* Bunge

凹头苋 *Amaranthus lividus* L.

苋科 Amaranthaceae ‖ 苋属 *Amaranthus* L.

反枝苋 *Amaranthus retroflexus* L.

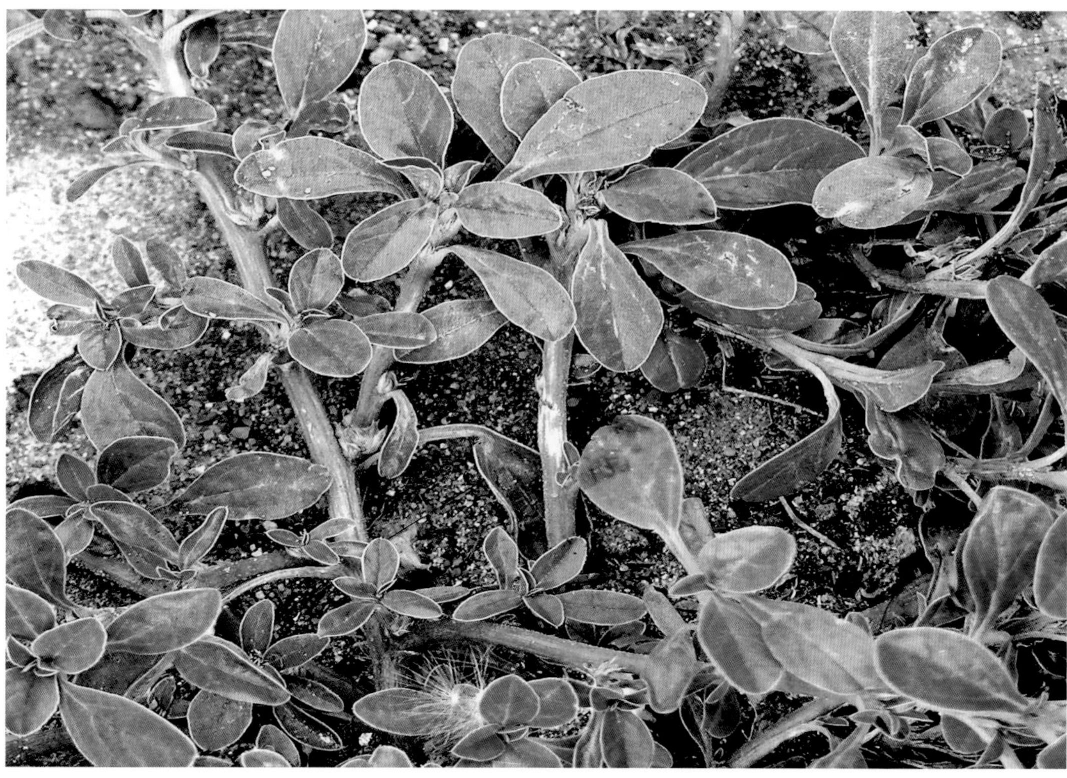

北美苋 *Amaranthus blitoides* S. Watson

马齿苋 *Portulaca oleracea* L.

毛梗蚤缀 *Arenaria capillaris* Poir.

种阜草 *Moehringia lateriflora*（L.）Fenzl

二柱繁缕 *Stellaria bistyla* Y. Z. Zhao

石竹科 Caryophyllaceae ‖ 繁缕属 *Stellaria* L.

垂梗繁缕 *Stellaria radians* L.

叉歧繁缕 *Stellaria dichotoma* L.

石竹科 Caryophyllaceae | 繁缕属 *Stellaria* L.

银柴胡 *Stellaria dichotoma* L. var. *lanceolata* Bunge

兴安繁缕 *Stellaria cherleriae*（Fisch. ex Ser.）Williams

石竹科 Caryophyllaceae | 繁缕属 *Stellaria* L.

长叶繁缕 *Stellaria longifolia* Muehl.

叶苞繁缕 *Stellaria crassifolia* Ehrh. var. *linearis* Fenzl

卷耳 *Cerastium arvense* L.

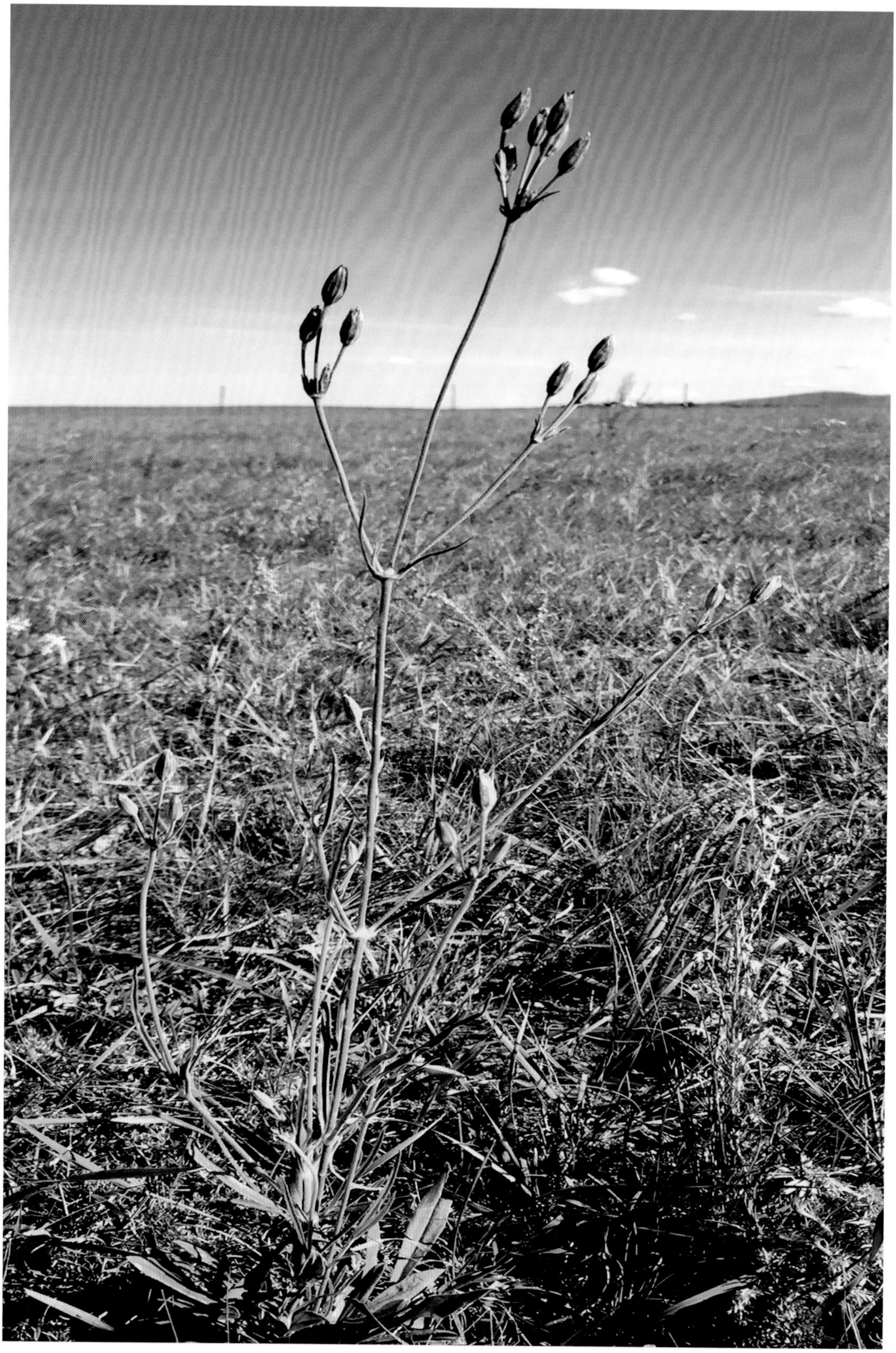

女娄菜 *Melandrium apricum*（Turcz. ex Fisch. et Mey.）Rohrb.

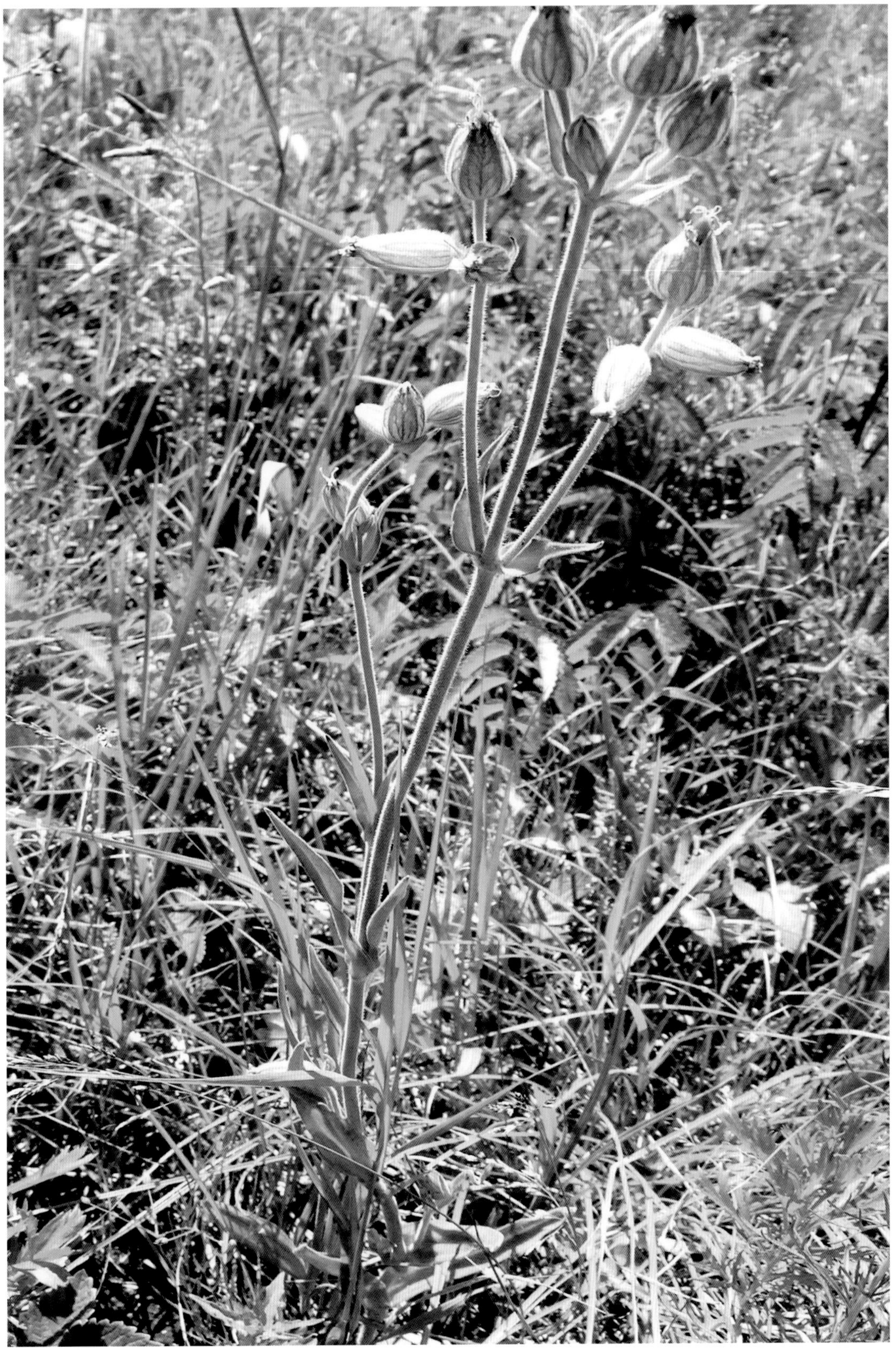

兴安女娄菜 *Melandrium brachypetalum*（Horn.）Fenzl

高山漆姑草 *Minuartia laricina*（L.）Mattf.

狭叶剪秋罗 *Lychnis sibirica* L.

大花剪秋罗 *Lychnis fulgens* Fisch.

细叶毛萼麦瓶草 *Silene repens* Patr. var. *angustifolia* Turcz.

狗筋麦瓶草 *Silene venosa*（Gilib.）Aschers.

旱麦瓶草 *Silene jenisseensis* Willd.

草原丝石竹 *Gypsophila davurica* Turcz. ex Fenzl

瞿麦 *Dianthus superbus* L.

石竹科 Caryophyllaceae ‖ 石竹属 *Dianthus* L.

石竹 *Dianthus chinensis* L.

兴安石竹 *Dianthus chinensis* L. var. *veraicolor*（Fisch. ex Link）Ma

蒙古石竹 *Dianthus chinensis* L. var. *subulifolius*（Kitag.）Ma

石竹科 Caryophyllaceae ‖ 石竹属 *Dianthus* L.

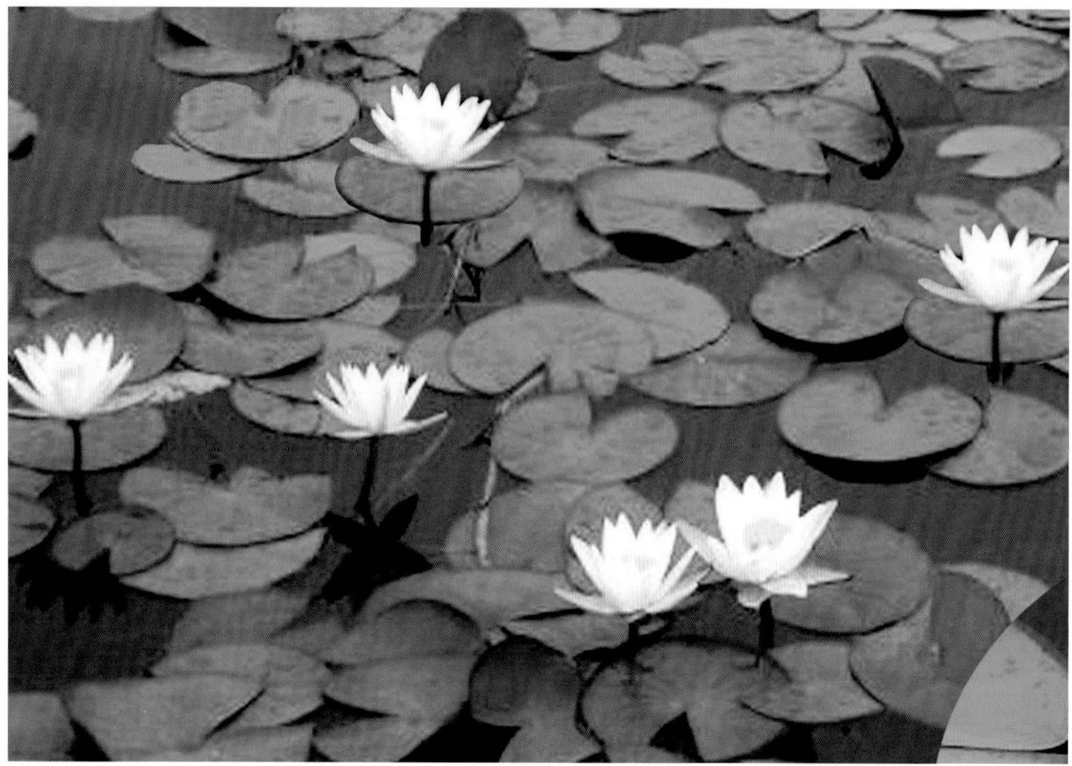

睡莲 *Nymphaea tetragona* Georgi

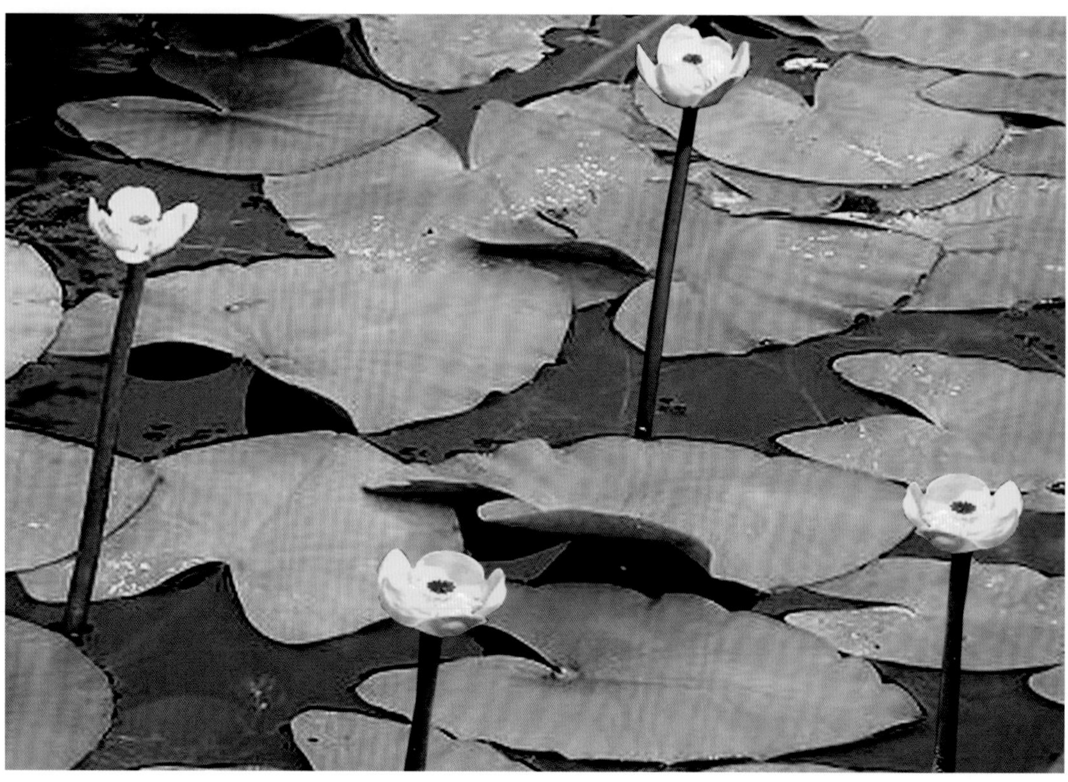

萍蓬草 *Nuphar pumilum*（Timm）DC.

金鱼藻 *Ceratophyllum demersum* L.

金鱼藻科 Ceratophyllaceae | 金鱼藻属 *Ceratophyllum* L.

五刺金鱼藻 *Ceratophyllum oryzetorum* Kom.

驴蹄草 *Caltha palustris* L.

毛茛科 Ranunculaceae ‖ 驴蹄草属 *Caltha* L.

三角叶驴蹄草 *Caltha palustris* L. var. *sibirica* Regel

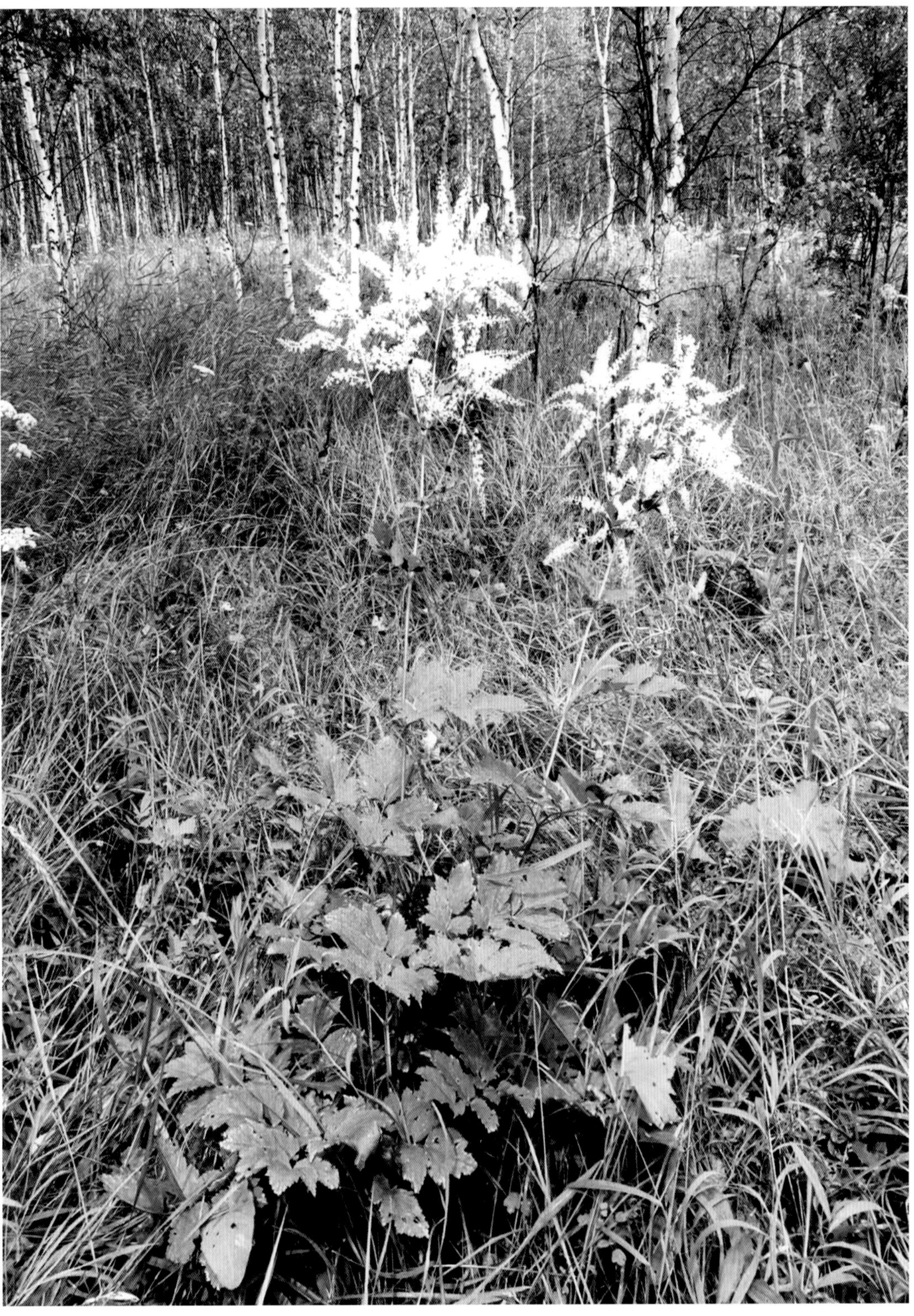

兴安升麻 *Cimicifuga dahurica* (Turcz.) Maxim.

单穗升麻 *Cimicifuga simplex* Wormsk.

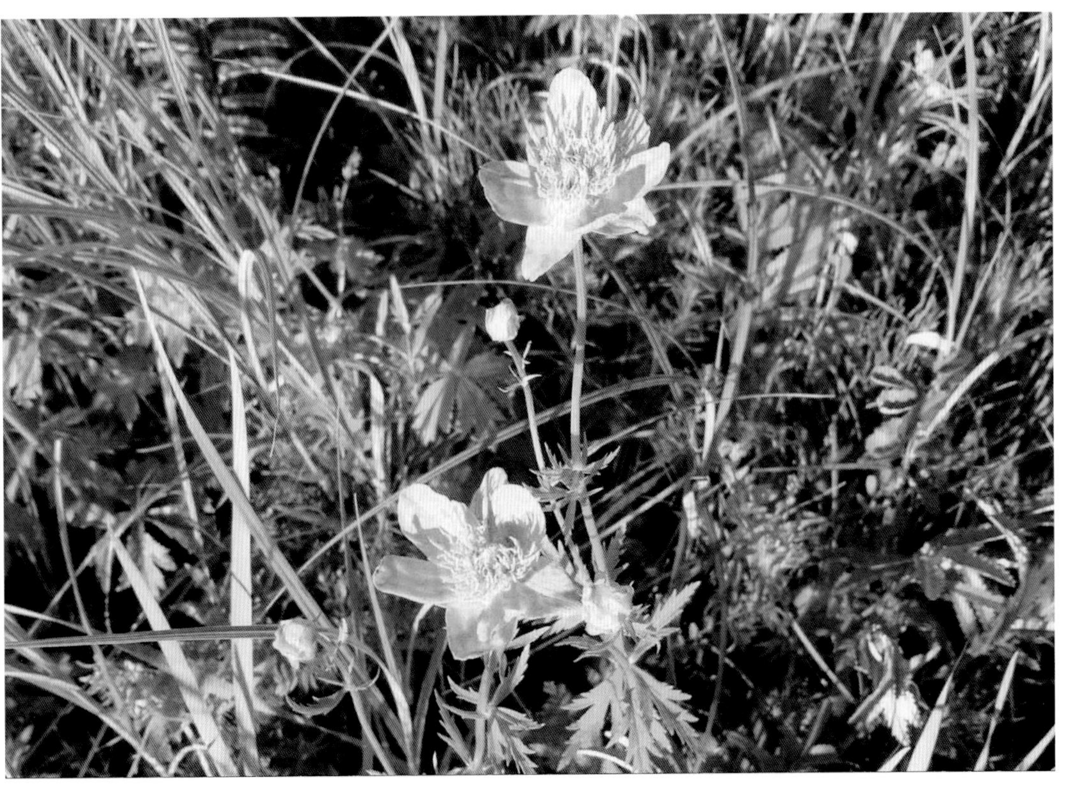

短瓣金莲花 *Trollius ledebouri* Reichb.

耧斗菜 *Aquilegia viridiflora* Pall.

蓝堇草 *Leptopyrum fumarioides*（L.）Reichb.

翼果唐松草 *Thalictrum aquilegifolium* L. var. *sibiricum* Regel et Tiling

瓣蕊唐松草 *Thalictrum petaloideum* L.

香唐松草 *Thalictrum foetidum* L.

毛茛科 Ranunculaceae | 唐松草属 *Thalictrum* L.

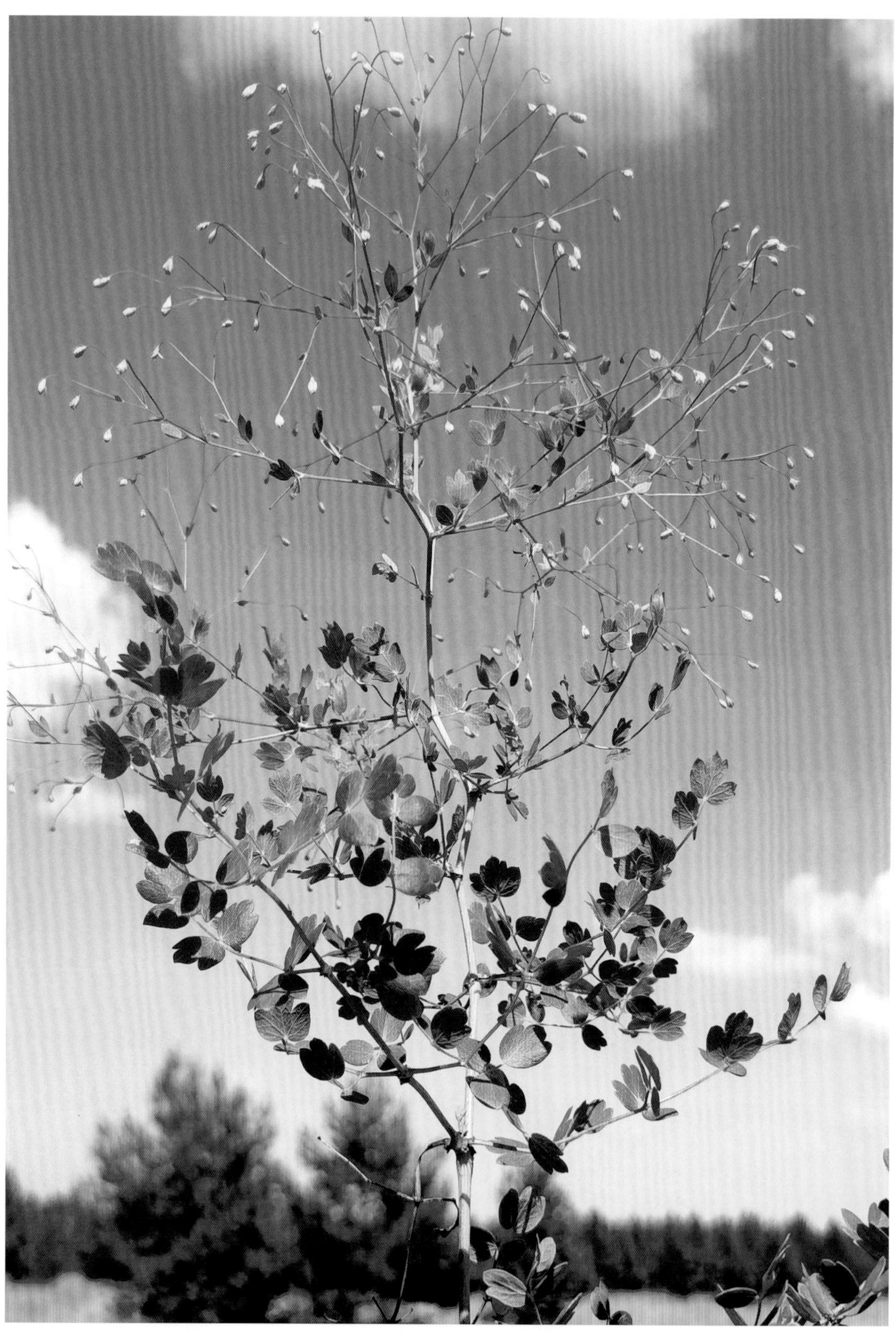

展枝唐松草 *Thalictrum squarrosum* Steph. ex Willd.

箭头唐松草 *Thalictrum simplex* L.

欧亚唐松草 *Thalictrum minus* L.

毛茛科 Ranunculaceae | 唐松草属 *Thalictrum* L.

大花银莲花 *Anemone silvestris* L.

二歧银莲花 *Anemone dichotoma* L.

毛茛科 **Ranunculaceae** 银莲花属 *Anemone* L.

长毛银莲花 *Anemone crinita* Juz.

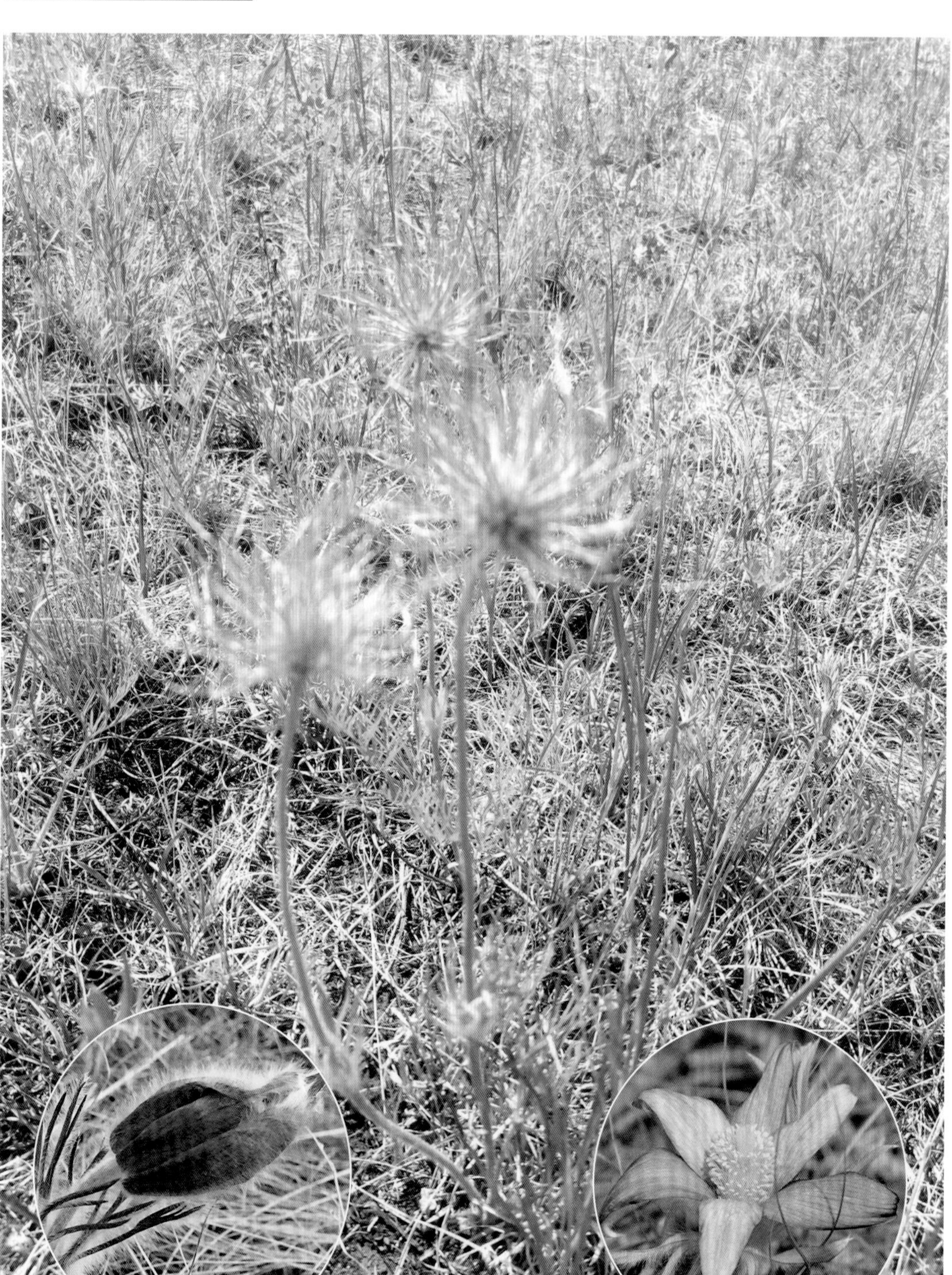

细叶白头翁 *Pulsatilla turczaninovii* Kryl. et Serg.

细裂白头翁 *Pulsatilla tenuiloba*（Hayek）Juz.

掌叶白头翁 *Pulsatilla patens*（L.）Mill. var. *multifida*（Pritz.）S. H. Li et Y. H. Huang

毛茛科 Ranunculaceae | 白头翁属 *Pulsatilla* Adans.

蒙古白头翁 *Pulsatilla ambigua* Turcz. ex Pritz.

黄花白头翁 *Pulsatilla sukaczewii* Juz.

兴安白头翁 *Pulsatilla dahurica*（Fisch. ex DC.）Spreng.

北侧金盏花 *Adonis sibiricus* Patr. ex Ledeb.

毛柄水毛茛 *Batrachium trichophyllum*（Chaix）Bossche

小水毛茛 *Batrachium eradicatum*（Laest.）Fries

水毛茛 *Batrachium bungei*（Steud.）L. Liou

毛茛科 Ranunculaceae | 水毛茛属 *Batrachium* J. F. Gray

黄戴戴 *Halerpestes ruthenica*（Jacq.）Ovcz.

毛茛科 Ranunculaceae | 水葫芦苗属 *Halerpestes* Greene

水葫芦苗 *Halerpestes sarmentosa*（Adams）Kom.

石龙芮 *Ranunculus sceleratus* L.

毛茛科 Ranunculaceae 毛茛属 *Ranunclus* L.

小掌叶毛茛 *Ranunculus gmelinii* DC.

毛茛 *Ranunculus japonicus* Thunb.

毛茛科 **Ranunculaceae** ‖ 毛茛属 ***Ranunculus* L.**

回回蒜 *Ranunculus chinensis* Bunge.

棉团铁线莲 *Clematis hexapetala* Pall.

短尾铁线莲 *Clematis brevicaudata* DC.

毛茛科 Ranunculaceae 铁线莲属 *Clematis* L.

东北高翠雀花 *Delphinium korshinskyanum* Nevski

翠雀 *Delphinium grandiflorum* L.

细叶黄乌头 *Aconitum barbatum* Pers.

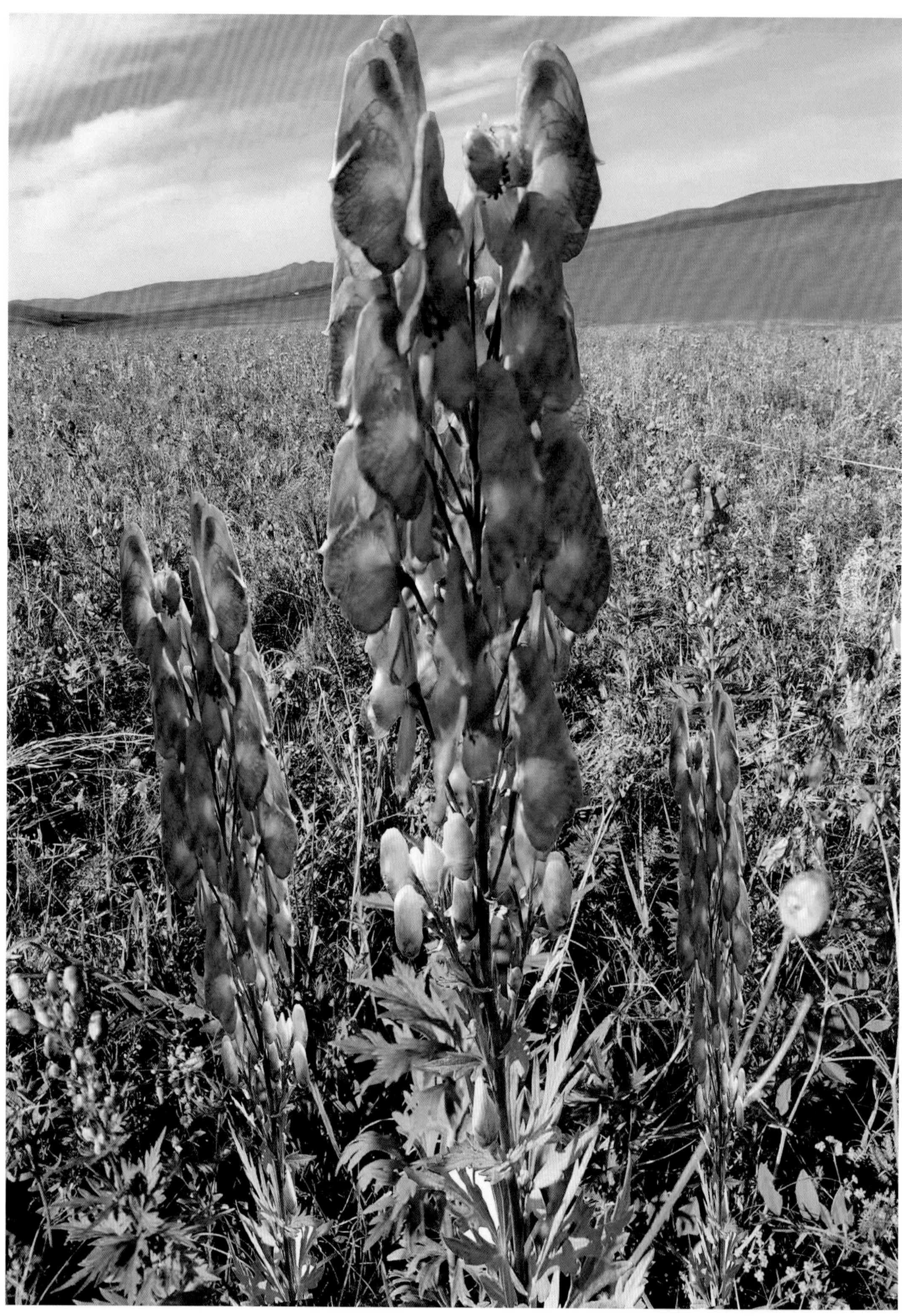

草乌头 *Aconitum kusnezoffii* Reichb.

芍药 *Paeonia lactiflora* Pale.

蝙蝠葛 *Menispermum dahuricum* DC.

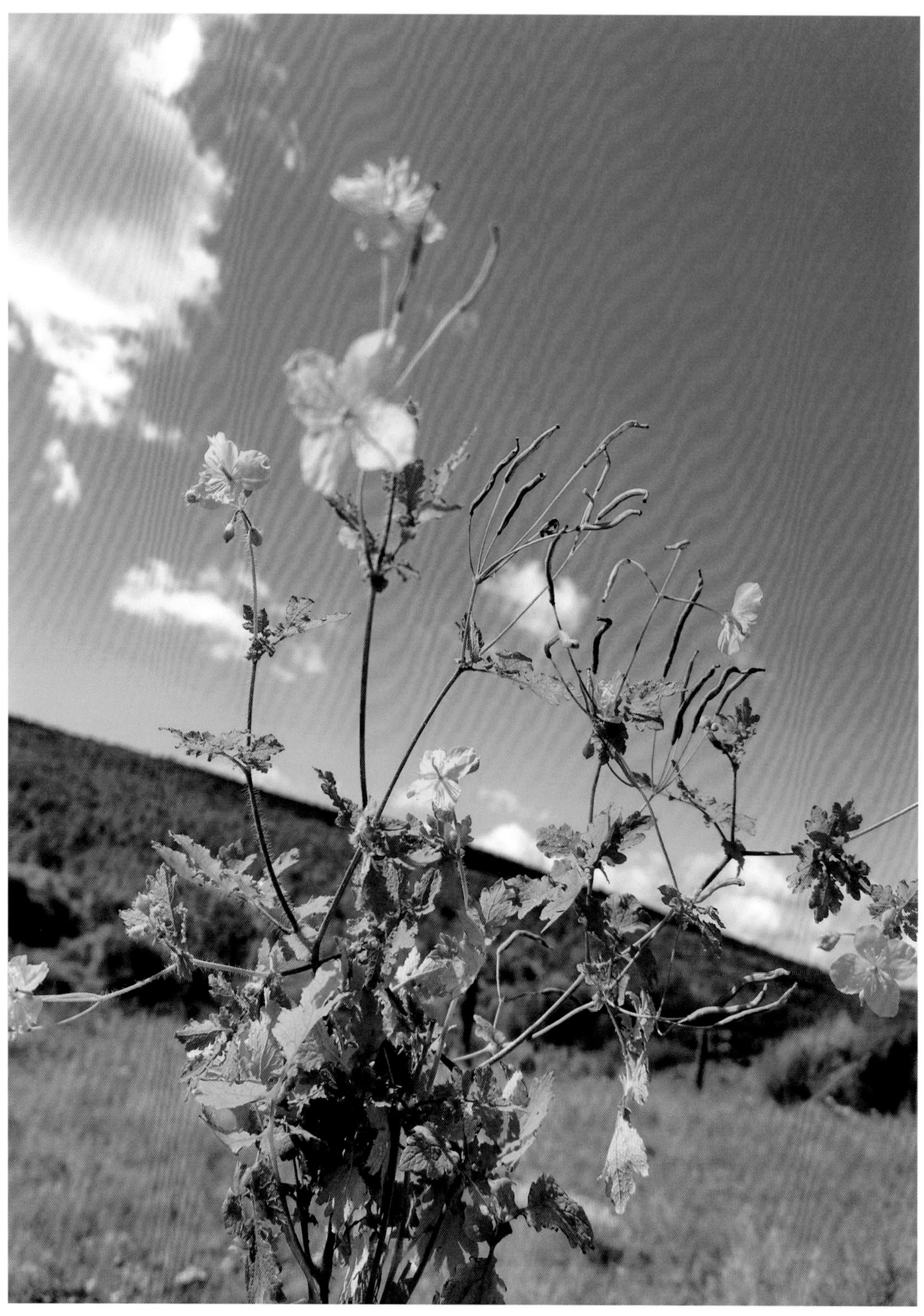

白屈菜 *Chelidonium majus* L.

野罂粟 *Papaver nudicaule* L.

角茴香 *Hypecoum erectum* L.

齿瓣延胡索 *Corydalis turtschaninovii* Bess.

三肋菘蓝 *Isatis costata* C. A. Mey.

风花菜 *Rorippa islandica*（Oed.）Borbas

遏蓝菜 *Thlaspi arvense* L.

十字花科 Cruciferae 遏蓝菜属 *Thlaspi* L.

山遏蓝菜 *Thlaspi thlaspidioides*（Pall.）Kitag.

宽叶独行菜 *Lepidium latifolium* L.

十字花科 Cruciferae ‖ 独行菜属 *Lepidium* L.

独行菜 *Lepidium apetalum* Willd.

小果亚麻荠 *Camelina microcarpa* Andrz.

葶苈 *Draba nemorosa* L.

北方庭荠 *Alyssum lenense* Adams

西伯利亚庭荠 *Alyssum sibiricum* Willd.

十字花科 Cruciferae | 庭荠属 *Alyssum* L.

燥原荠 *Ptilotrichum canescens* C. A. Mey.

十字花科 Cruciferae ‖ 燥原荠属 *Ptilotrichum* C. A. Mey.

薄叶燥原荠 *Ptilotrichum tenuiflium*（Steoh.）C. A. Mey.

小花花旗竿 *Dontostemon micranthus* C. A. Mey.

十字花科 Cruciferae | 花旗竿属 *Dontostemon* Andrz.

多年生花旗竿 *Dontostemon perennis* C. A. Mey.

全缘叶花旗竿 *Dontostemon integrifolifolius*（L.）Ledeb.

水田碎米荠 *Cardamine lyrata* Bunge

草甸碎米荠 *Cardamine pratensis* L.

播娘蒿 *Descurainia sophia*（L.）Webb. ex Prantl

蒙古糖芥 *Erysimum flavum*（Georgi）Bobrov

十字花科 Cruciferae 糖芥属 *Erysimum* L.

小花糖芥 *Erysimum cheiranthoides* L.

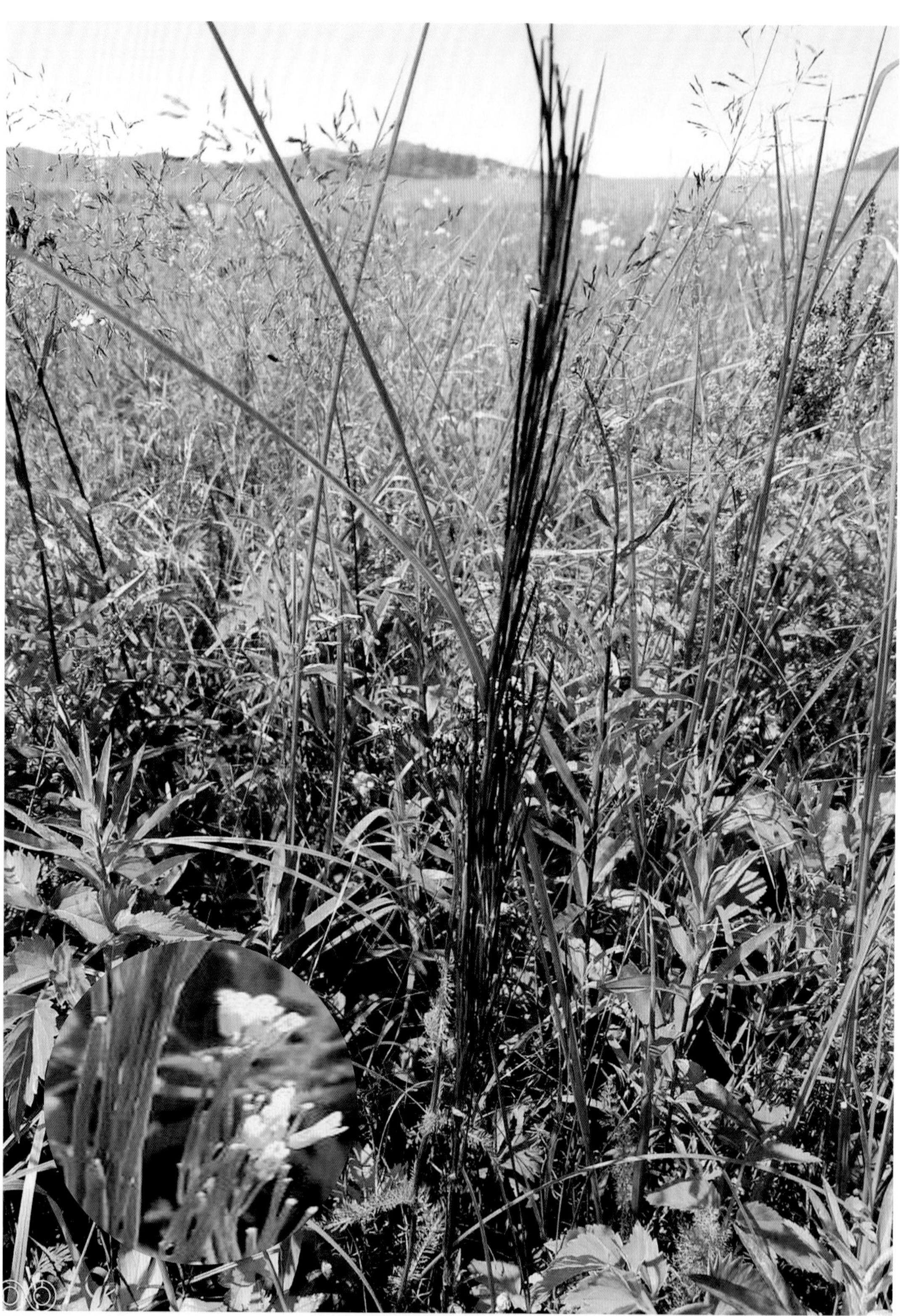

硬毛南芥 *Arabis hirsuta*（L.）Scop.

粉绿垂果南芥 *Arabis pendula* L. var. *hypoglauca* Franch.

钝叶瓦松 *Orostachys malacophyllus*（Pall.）Fisch.

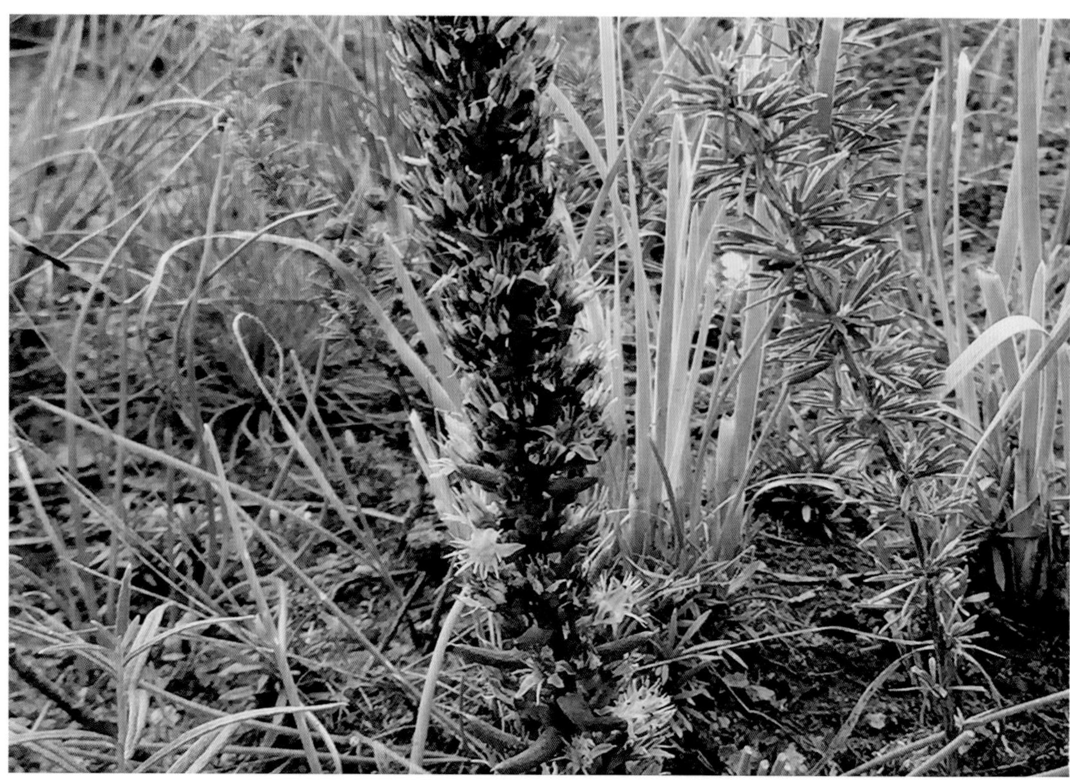

瓦松 *Orostachys fimbriatus*（Turcz.）Berger

景天科 Crassulaceae 瓦松属 *Orostachys* Fisch.

黄花瓦松 *Orostachys spinosus*（L.）C. A. Mey.

狼爪瓦松 *Orostachys cartilaginea* A. Bor.

费菜 *Sedum aizoon* L.

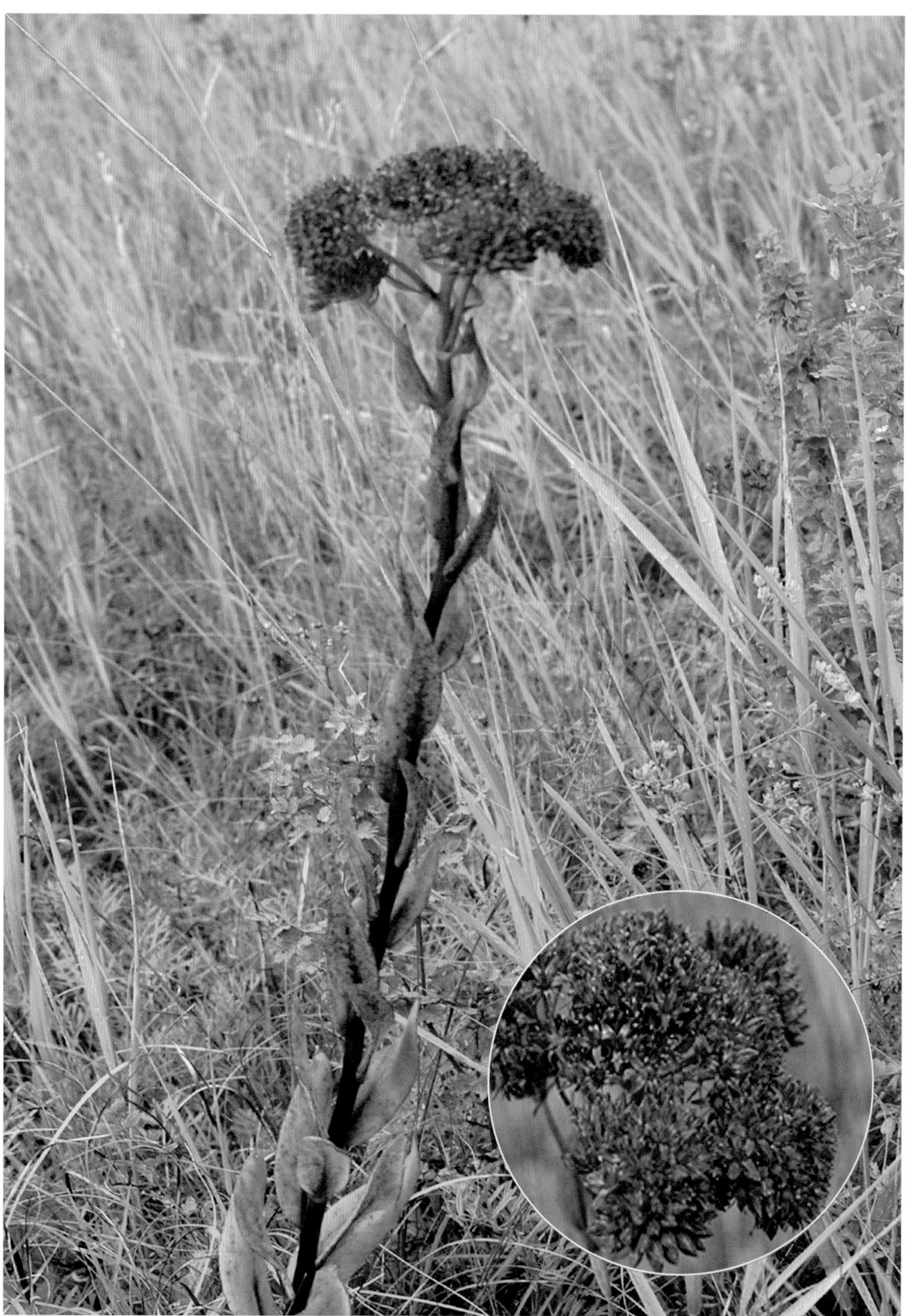

紫八宝 *Hylotelephium purpureum*（L.）Holub

梅花草 *Parnassia palustris* L.

互叶金腰 *Chrysosplenium alternifolium* L.

水葡萄茶藨 *Ribes procumbens* Pall.

虎耳草科 Saxifragaceae ‖ 茶藨属 *Ribes* L.

兴安茶藨 *Ribes pauciflorum* Turcz. ex Pojark.

楔叶茶藨 *Ribes diacanthum* Pall.

小叶茶藨 *Ribes pulchellum* Turcz.

耧斗叶绣线菊 *Spiraea aquilegifolia* Pall.

海拉尔绣线菊 *Spiraea hailarensis* Liou

欧亚绣线菊 *Spiraea media* Schmidt

蔷薇科 Rosaceae ‖ 绣线菊属 *Spiraea* L.

柳叶绣线菊 *Spiraea salicifolia* L.

珍珠梅 *Sorbaria sorbifolia*（L.）A. Br.

全缘栒子 *Cotoneaster integerrimus* Medic.

黑果栒子 *Cotoneaster melanocarpus* Lodd.

辽宁山楂 *Crataegus sanguinea* Pall.

光叶山楂 *Crataegus dahurica* Koehne ex Schneid.

花楸树 *Sorbus pohuashanensis*（Hance）Hedl.

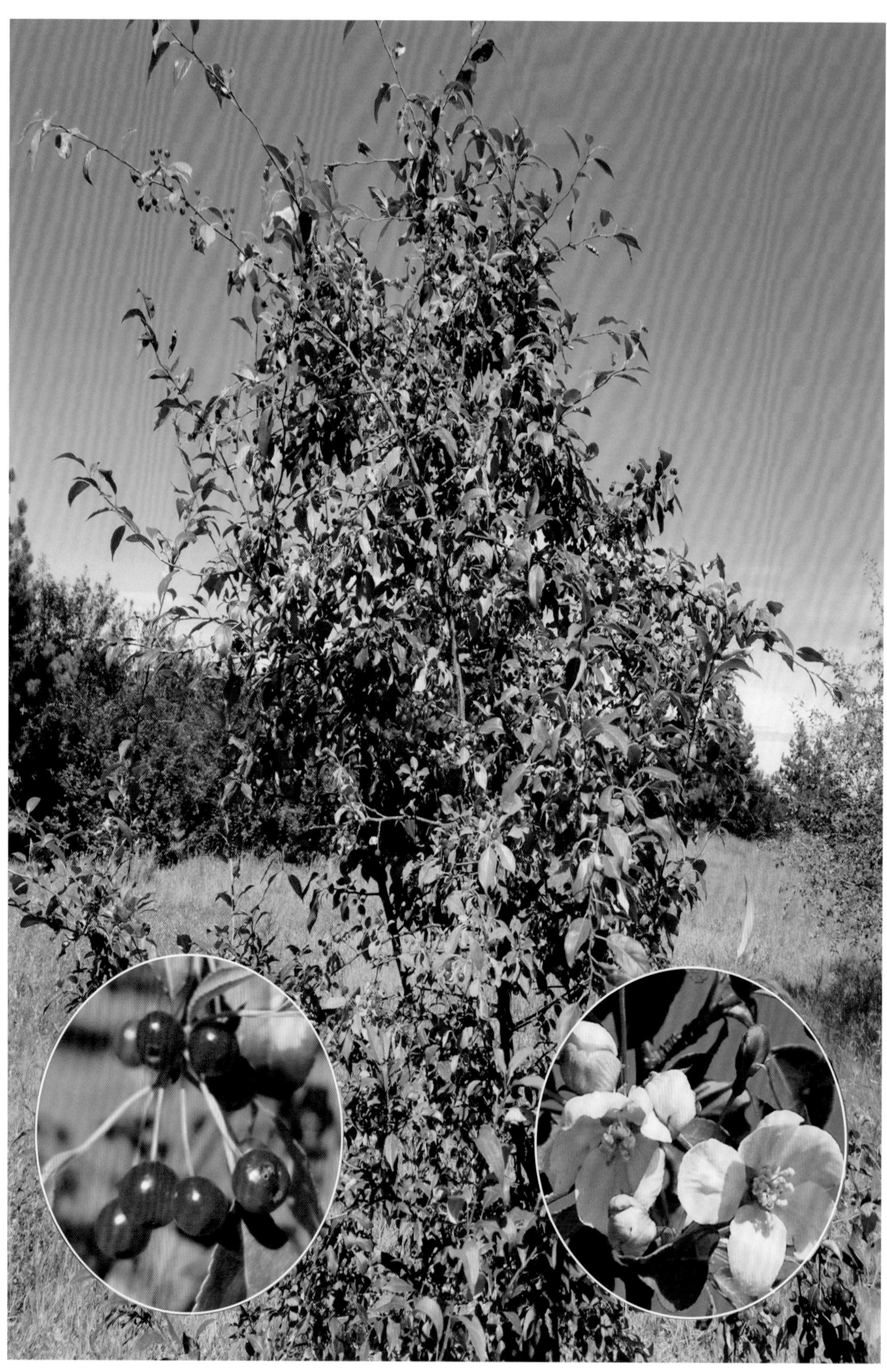

山荆子 *Malus baccata*（L.）Borkh.

山刺玫 *Rosa davurica* Pall.

大叶蔷薇 *Rosa acicularis* Lindl.

蔷薇科 Rosaceae | 蔷薇属 *Rosa* L.

龙牙草 *Agrimonia pilosa* Ledeb.

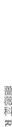

地榆 *Sanguisorba officinalis* L.

蔷薇科 Rosaceae ▮ 地榆属 *Sanguisorba* L.

长蕊地榆 *Sanguisorba officinalis* L. var. *longifila*（Kitag.）Yu et Li

小白花地榆 *Sanguisorba tenuifolia* Fisch. var. *alba* Trautv. et Mey.

细叶蚊子草 *Filipendula angustiloba*（Turcz.）Maxim.

蚊子草 *Filipendula palmata*（Pall.）Maxim.

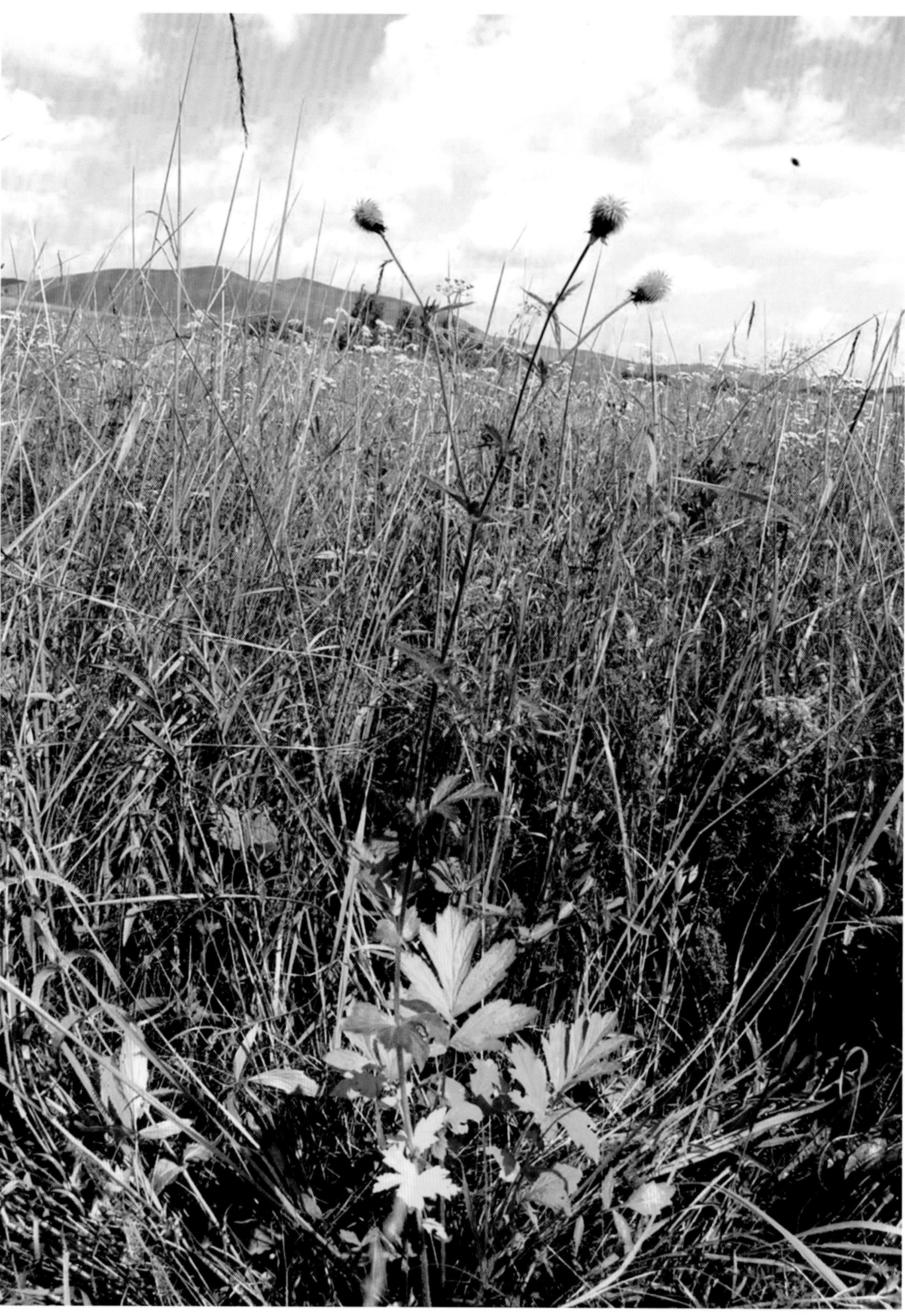

水杨梅 *Geum aleppicum* Jacq.

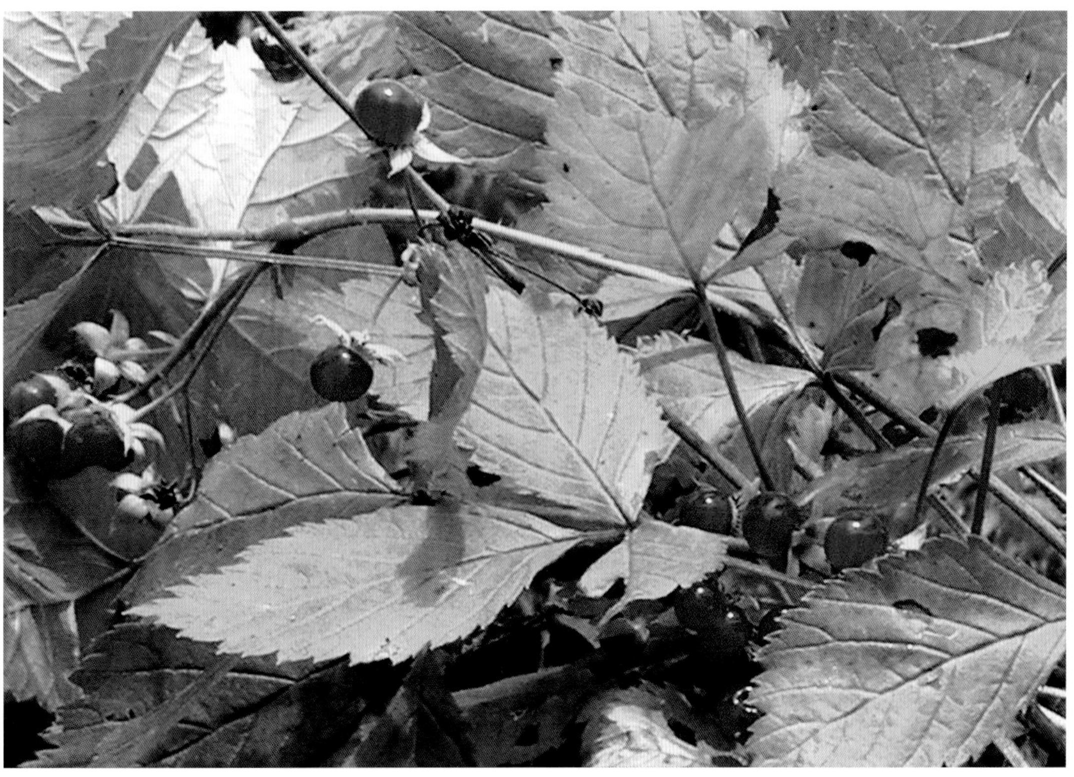

石生悬钩子 *Rubus saxatilis* L.

东方草莓 *Fragaria orientalis* Losinsk.

金露梅 *Potentilla fruticosa* L.

蔷薇科 Rosaceae | 委陵菜属 *Potentilla* L.

匍枝委陵菜 *Potentilla flagellaris* Willd. ex Schlecht.

鹅绒委陵菜 *Potentilla anserina* L.

蔷薇科 Rosaceae 委陵菜属 *Potentilla* L.

二裂委陵菜 *Potentilla bifurca* L.

高二裂委陵菜 *Potentilla bifurca* L. var. *major* Ledeb.

蔷薇科 Rosaceae | 委陵菜属 *Potentilla* L.

星毛委陵菜 *Potentilla acaulis* L.

三出委陵菜 *Potentilla betonicaefolia* Poir.

蔷薇科 Rosaceae | 委陵菜属 *Potentilla* L.

莓叶委陵菜 *Potentilla fragarioides* L.

铺地委陵菜 *Potentilla supina* L.

蔷薇科 Rosaceae | 委陵菜属 *Potentilla* L.

轮叶委陵菜 *Potentilla verticillaris* Steph. ex Willd.

多裂委陵菜 *Potentilla multifida* L.

腺毛委陵菜 *Potentilla longifolia* Willd. ex Schlecht.

蔷薇科 Rosaceae 委陵菜属 *Potentilla* L.

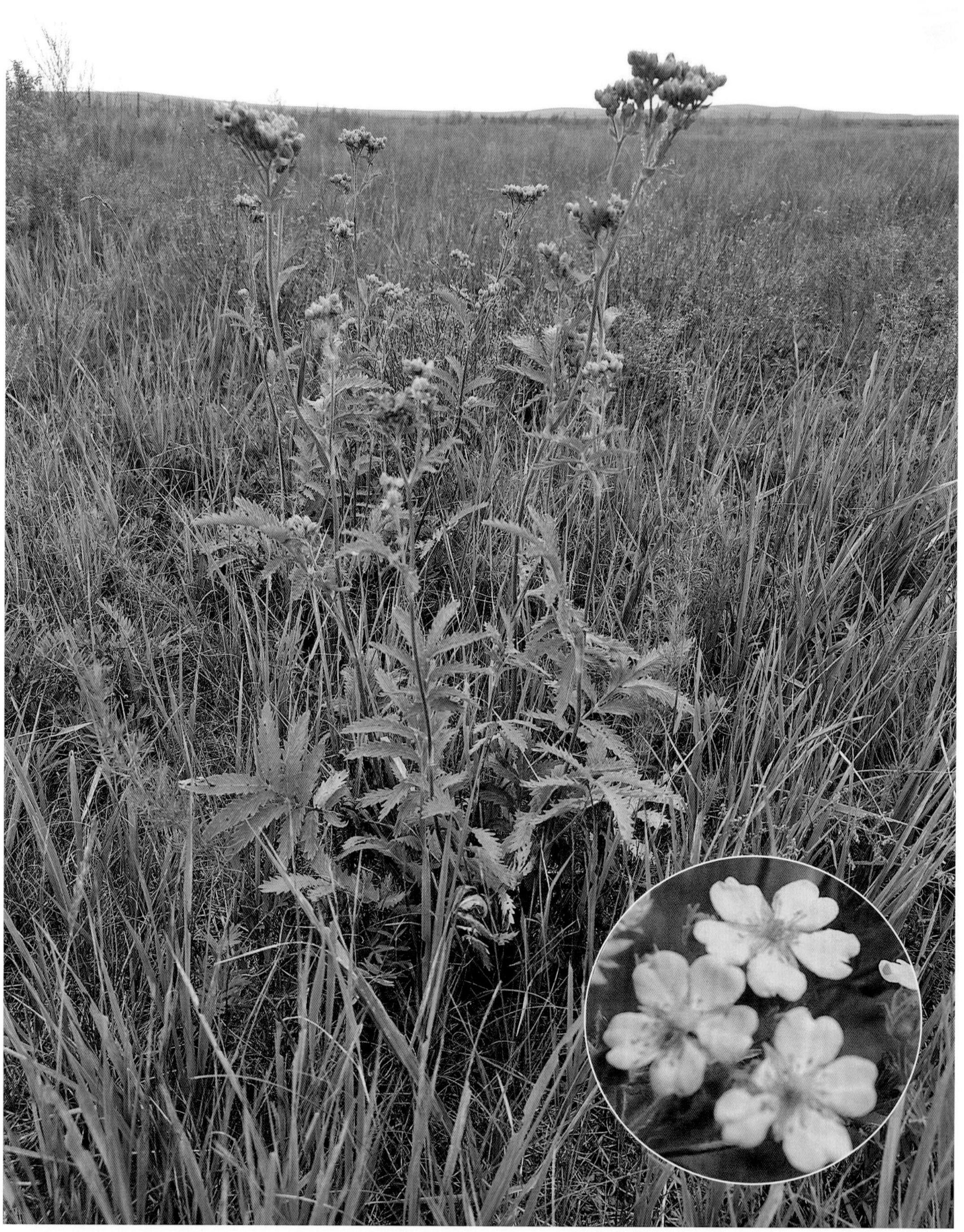

菊叶委陵菜 *Potentilla tanacetifolia* Willd. ex Schlecht.

茸毛委陵菜 *Potentilla strigosa* Pall. ex Pursh

蔷薇科 Rosaceae ▌委陵菜属 *Potentilla* L.

红茎委陵菜 *Potentilla nudicaulis* Willd. ex Schlecht.

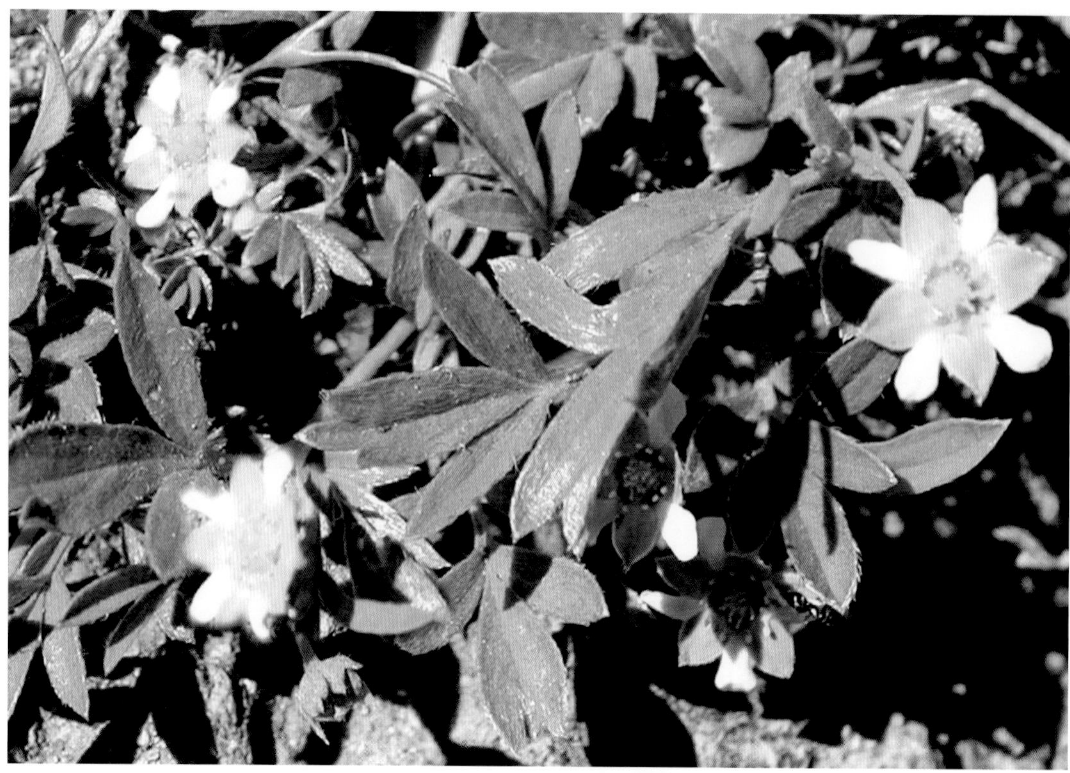

伏毛山莓草 *Sibbaldia adpressa* Bunge

地蔷薇 *Chamaerhodos erecta*（L.）Bunge

毛地蔷薇 *Chamaerhodos canescens* J. Krause

蔷薇科 Rosaceae — 地蔷薇属 *Chamaerhodos* Bunge

三裂地蔷薇 *Chamaerhodos trifida* Ledeb.

西伯利亚杏 *Prunus sibirica* L.

稠李 *Prunus padus* L.

苦参 *Sophora flavescens* Soland.

披针叶黄华 *Thermopsis lanceolata* R. Br.

扁蓿豆 *Melilotoides ruthenica*（L.）Sojak

细叶扁蓿豆 *Melilotoides ruthenica*（L.）Sojak var. *oblongifolia*（Fr.）H. C. Fu et Y. Q. Jiang

豆科 Leguminosae ‖ 苜蓿属 *Medicago* L.

天蓝苜蓿 *Medicago lupulina* L.

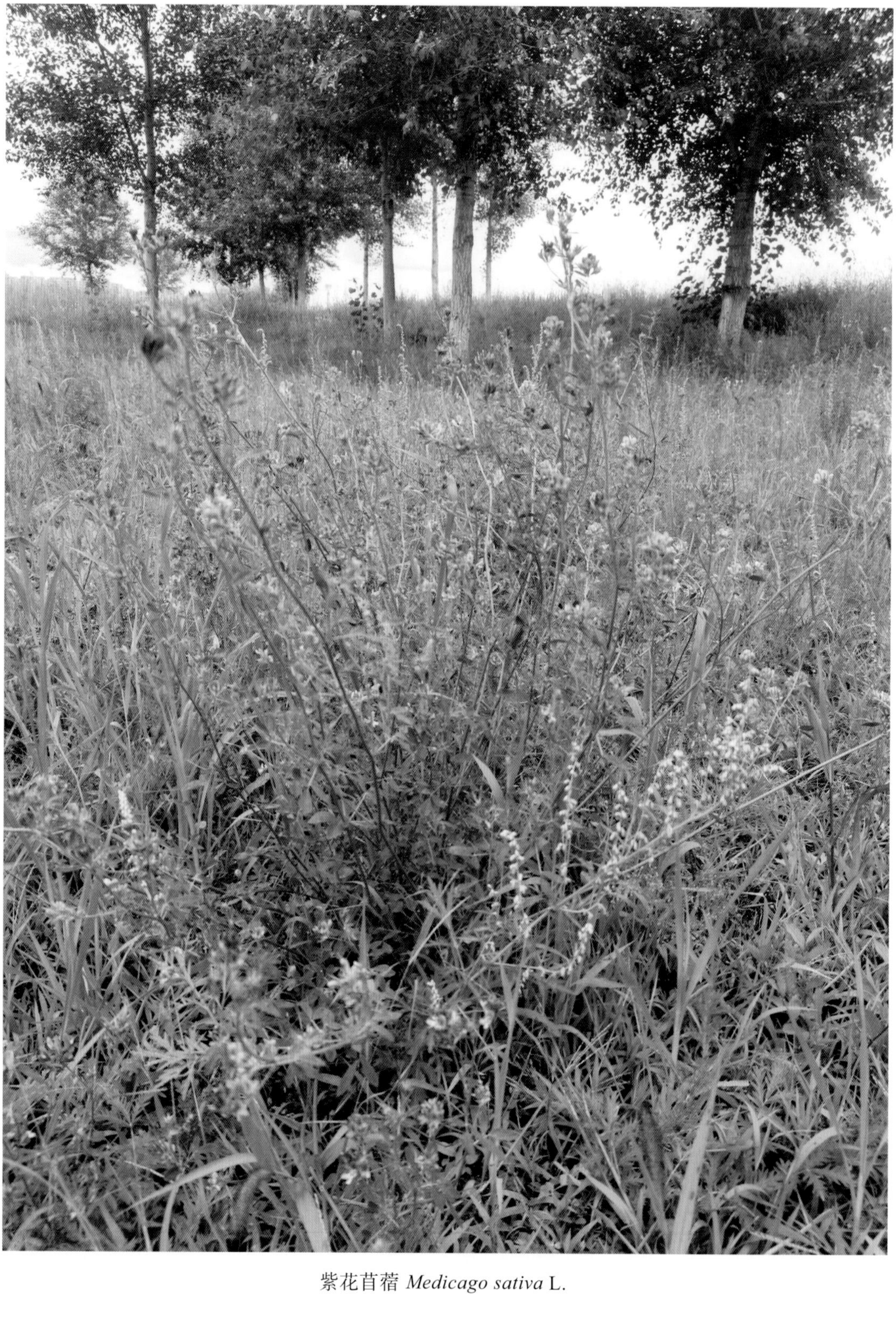

紫花苜蓿 *Medicago sativa* L.

黄花苜蓿 *Medicago falcata* L.

草木樨 *Melilotus suaveolens* Ledeb.

细齿草木樨 *Melilotus dentatus*（Wald. et Kit.）Pers.

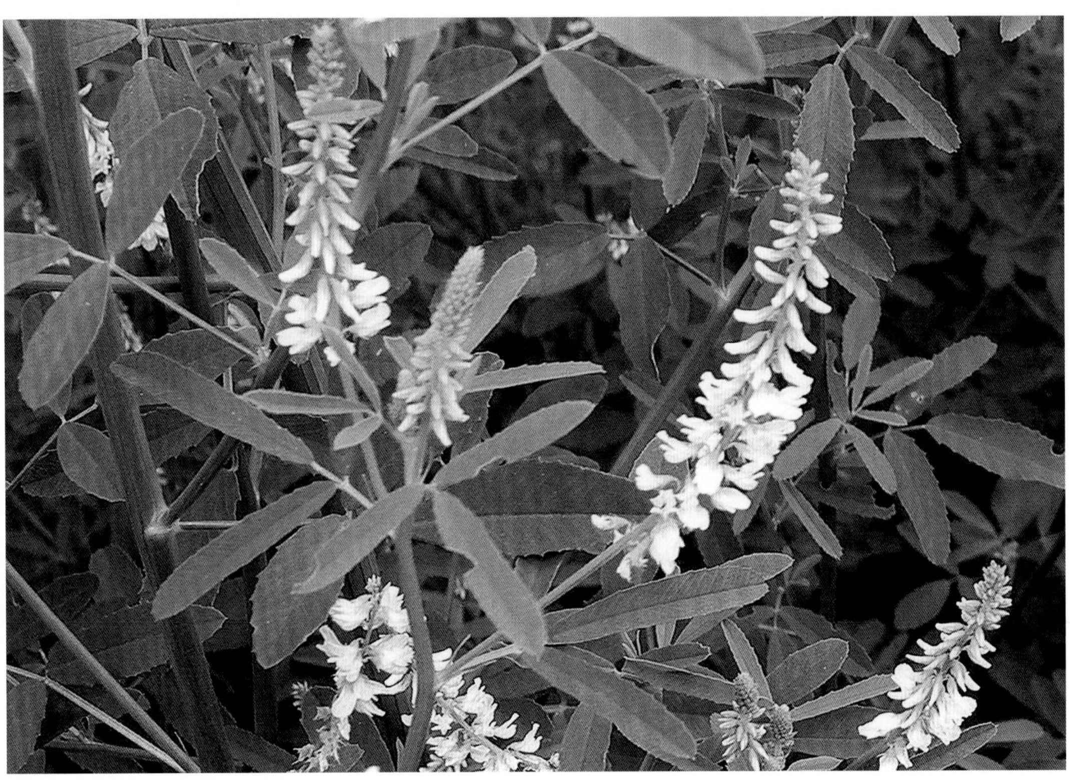

白花草木樨 *Melilotus albus* Desr.

豆科 Leguminosae ■ 草木樨属 *Melilotus* Mill.

野火球 *Trifolium lupinaster* L.

豆科 Leguminosae | 车轴草属 *Trifolium* L.

白车轴草 *Trifolium repens* L.

红车轴草 *Trifolium pratense* L.

狭叶锦鸡儿 *Caragana stenophylla* Pojark.

小叶锦鸡儿 *Caragana microphylla* Lam.

少花米口袋 *Gueldenstaedtia verna*（Georgi）Boriss.

狭叶米口袋 *Gueldenstaedtia stenophylla* Bunge

甘草 *Glycyrrhiza uralensis* Fsich.

黄芪 *Astragalus membranaceus* Bunge

豆科 Leguminosae ‖ 黄芪属 *Astragalus* L.

华黄芪 *Astragalus chinensis* L. f.

草木樨状黄芪 *Astragalus melilotoides* Pall.

细叶黄芪 *Astragalus melilotoides* Pall. var. *tenuis* Ledeb.

草原黄芪 *Astragalus dalaiensis* Kitag.

豆科 **Leguminosae** 黄芪属 ***Astragalus* L.**

蒙古黄芪 *Astragalus memdranaceus* Bunge var. *mongholicus*（Bunge）Hsiao

豆科 Leguminosae ‖ 黄芪属 *Astragalus* L.

达乌里黄芪 *Astragalus dahuricus*（Pall.）DC.

细弱黄芪 *Astragalus miniatus* Bunge

白花黄芪 *Astragalus galactites* Pall.

豆科 Leguminosae | 黄芪属 *Astragalus* L.

卵果黄芪 *Astragalus grubovii* Sancz.

豆科 Leguminosae ‖ 黄芪属 *Astragalus* L.

斜茎黄芪 *Astragalus adsurgens* Pall.

糙叶黄芪 *Astragalus scaberrimus* Bunge

大花棘豆 *Oxytropis grandiflora*（Pall.）DC.

薄叶棘豆 *Oxytropis leptophylla*（Pall.）DC.

豆科 Leguminosae ▌棘豆属 *Oxytropis* DC.

多叶棘豆 *Oxytropis myriophylla*（Pall.）DC.

砂珍棘豆 *Oxytropis gracilima* Bunge

海拉尔棘豆 *Oxytropis hailarensis* Kitag.

豆科 Leguminosae 棘豆属 *Oxytropis* DC.

尖叶棘豆 *Oxytropis oxyphylla*（Pall.）DC. var. *oxyphylla*

山竹岩黄芪 *Hedysarum fruticosum* Pall.

山岩黄芪 *Hedysarum alpinum* L.

豆科 Leguminosae | 岩黄芪属 *Hedysarum* L.

华北岩黄芪 *Hedysarum gmelinii* Ledeb.

达乌里胡枝子 *Lespedeza davurica*（Laxm.）Schindl.

豆科 Leguminosae 胡枝子属 *Lespedeza* Michx.

尖叶胡枝子 *Lespedeza hedysaroides*（Pall.）Kitag.

鸡眼草 *Kummerowia striata*（Thunb.）Schindl.

广布野豌豆 *Vicia cracca* L.

大叶野豌豆 *Vicia pseudorobus* Fisch. et C. A. Mey.

豆科 Leguminosae ‖ 野豌豆属 *Vicia* L.

狭叶山野豌豆 *Vicia amoena* Fisch. var. *oblongifolia* Regel

多茎野豌豆 *Vicia multicaulis* Ledeb.

歪头菜 *Vicia unijuga* R. Br.

豆科 Leguminosae ▮ 野豌豆属 *Vicia* L.

矮山黧豆 *Lathyus humilis*（Ser. ex DC.）Spreng.

野大豆 *Glycine soja* Sieb. et Zucc.

牻牛儿苗 *Erodium stephanianum* Willd.

老鹳草 *Geranium wilfordii* Maxim.

草原老鹳草 *Geranium pratense* L.

牻牛儿苗科 **Geraniaceae** ‖ 老鹳草属 ***Geranium* L.**

大花老鹳草 *Geranium transbaicalicum* Serg.

灰背老鹳草 *Geranium wlassowianum* Fisch. ex Link

牻牛儿苗科 Geraniaceae ■ 老鹳草属 *Geranium* L.

兴安老鹳草 *Geranium maximowiczii* Regel et Maack

粗根老鹳草 *Geranium dahuricum* DC.

牻牛儿苗科 Geraniaceae ‖ 老鹳草属 Geranium L.

鼠掌老鹳草 *Geranium sibiricum* L.

野亚麻 *Linum stelleroides* Planch.

宿根亚麻 *Linum perenne* L.

亚麻科 Linaceae | 亚麻属 *Linum* L.

蒺藜 *Tribulus terrestris* L.

北芸香 *Haplophyllum dauricum*（L.）Juss.

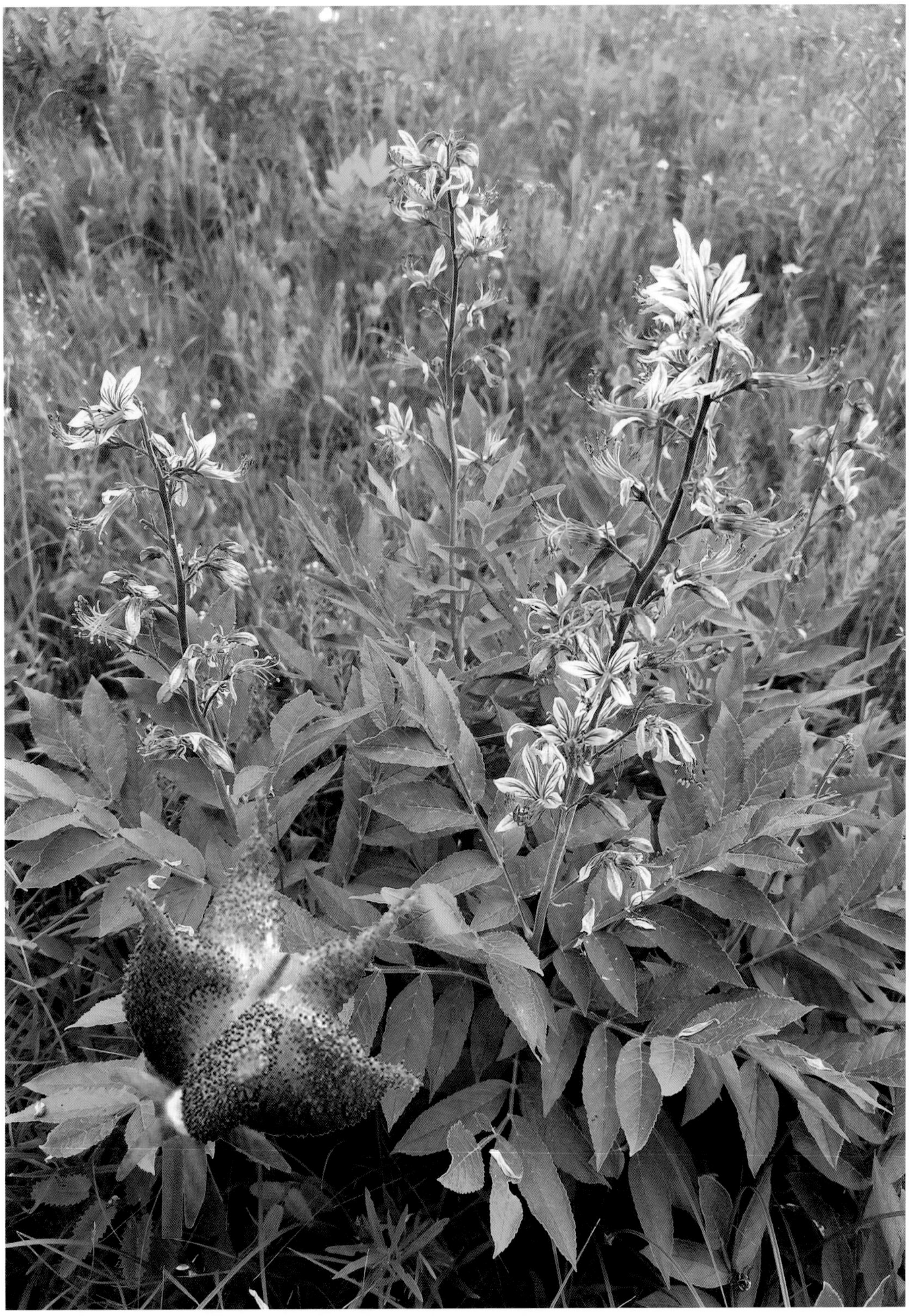

白鲜 *Dictamnus albus* L. subsp. *dasycarpus*（Turcz.）Wint.

远志 *Polygala tenuifolia* Willd.

乳浆大戟 *Euphorbia esula* L.

地锦 *Euphorbia humifusa* Willd.

大戟科 Euphorbiaceae ■ 大戟属 *Euphorbia* L.

狼毒大戟 *Euphorbia fischeriana* Steud.

锥腺大戟 *Euphorbia savaryi* Kiss.

沼生水马齿 *Callitriche palustris* L.

凤仙花 *Lmpatiens balsamina* L.

水金凤 *Impatiens noli-tangere* L.

凤仙花科 Balsaminaceae | 凤仙花属 *Impatiens* L.

鼠李 *Rhamnus dahurica* Pall.

鼠李科 Rhamnaceae 鼠李属 *Rhamnus* L.

乌苏里鼠李 *Rhamnus ussuricnsis* J. Vass.

野西瓜苗 *Hibiscus trionum* L.

锦葵 *Malva sinensis* Cavan.

野葵 *Malva verticillata* L.

长柱金丝桃 *Hypericum ascyron* L.

乌腺金丝桃 *Hypericum attenuatum* Choisy

奇异堇菜 *Viola mirabilis* L.

裂叶堇菜 *Viola dissecta* Ledeb.

堇菜科 Violaceae ‖ 堇菜属 *Viola* L.

紫花地丁 *Viola yedoensis* Makino

斑叶堇菜 *Viola variegata* Fisch. ex Link

狼毒 *Stellera chamaejasme* L.

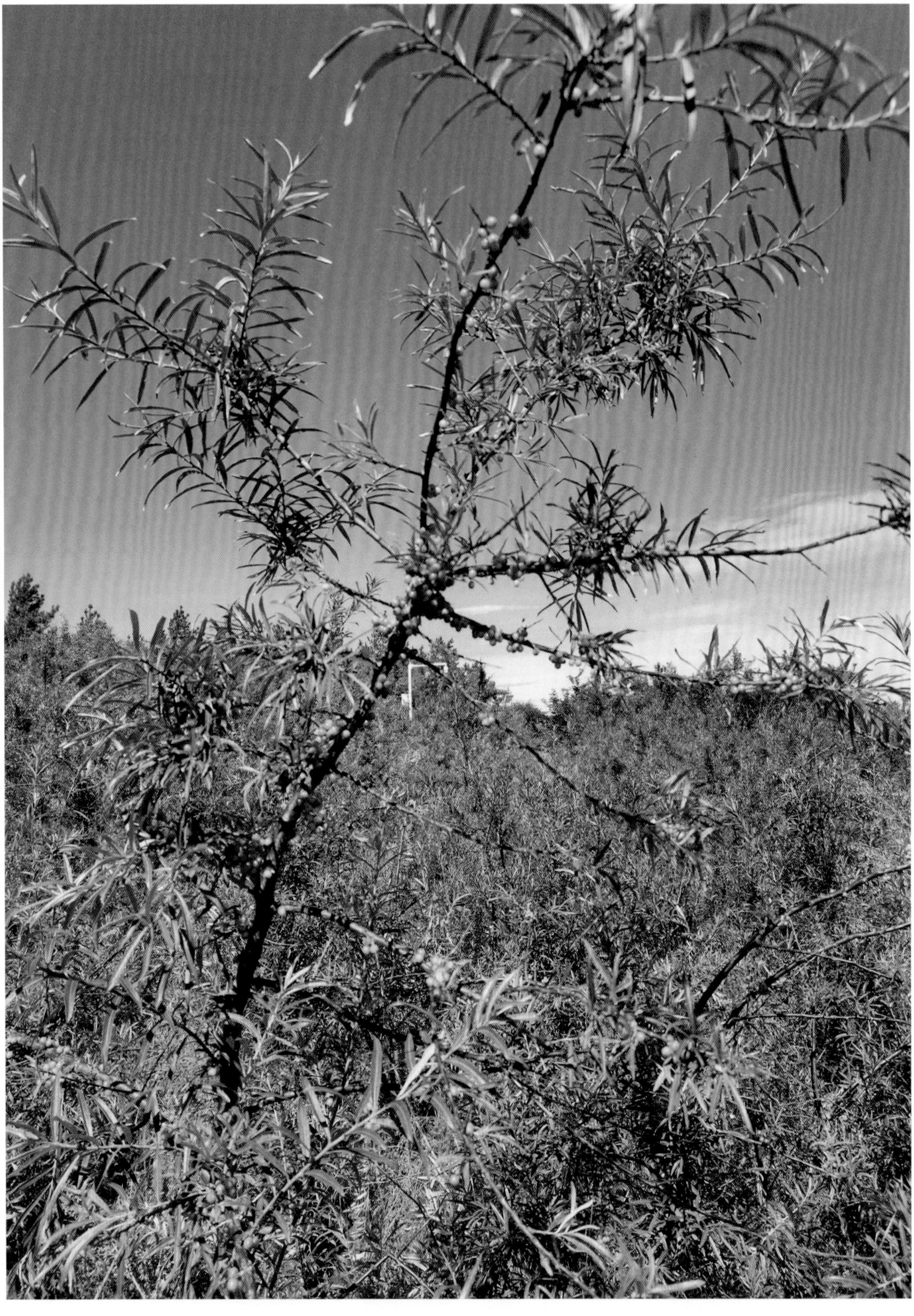

中国沙棘 *Hippophae rhamnoides* L. subsp. *sinensis* Rousi

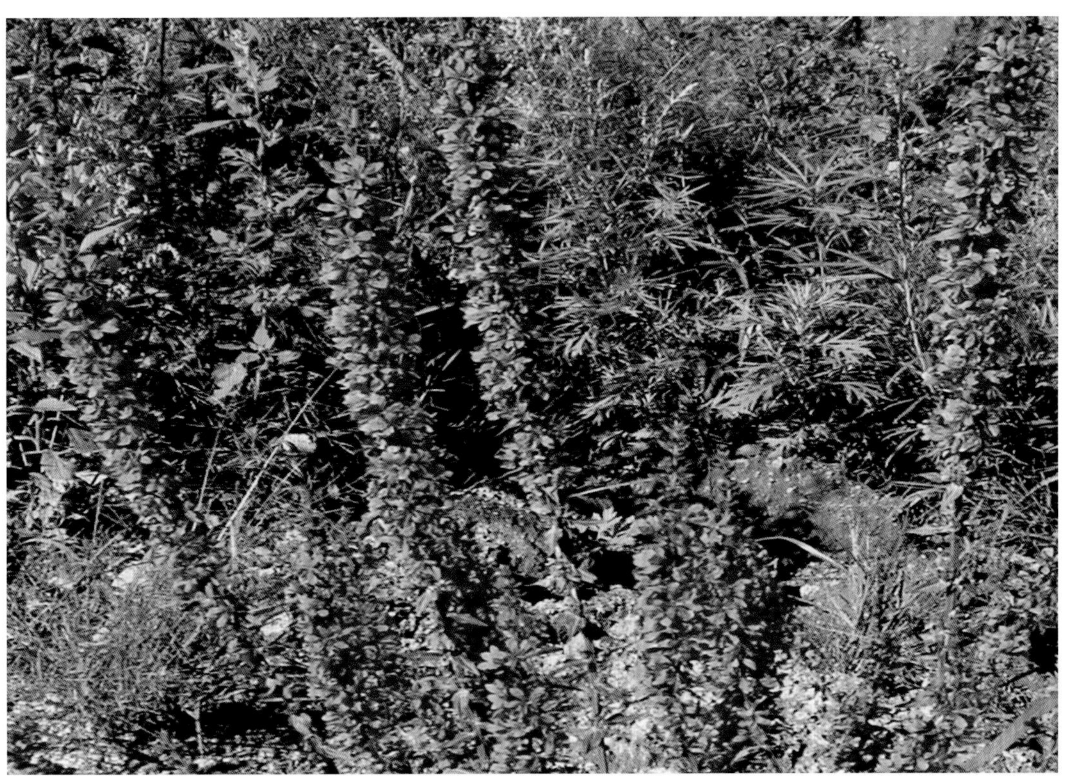

千屈菜 *Lythrum salicaria* L.

柳兰 *Epilobium angustifolium* L.

沼生柳叶菜 *Epilobium palustre* L.

柳叶菜科 Onagraceae ‖ 柳叶菜属 *Epilobium* L.

多枝柳叶菜 *Epilobium fastigiato-ramosum* Nakai

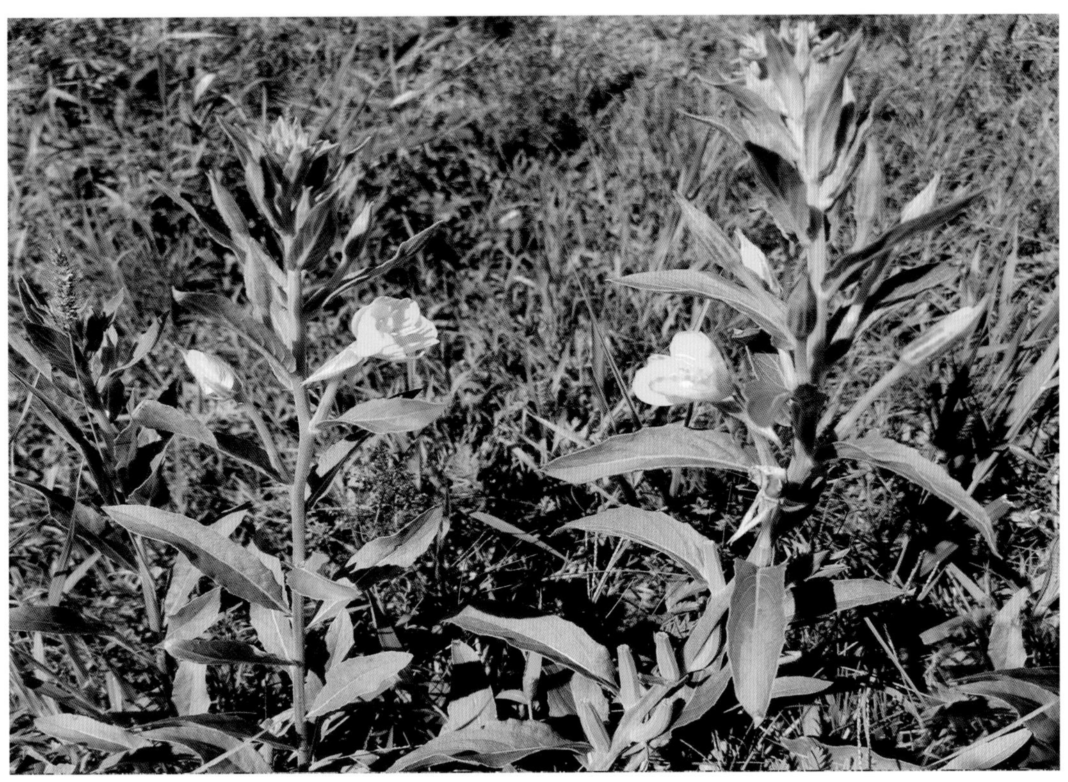

夜来香 *Oenothera biennis* L.

狐尾藻 *Myriophyllum spicatum* L.

轮叶狐尾藻 *Myriophllum verticillatum* L.

杉叶藻 *Hippuris vulgaris* L.

红柴胡 *Bupleurum scorzonerifolium* Willd.

锥叶柴胡 *Bupleurum bicaule* Helm

毒芹 *Cicuta virosa* L.

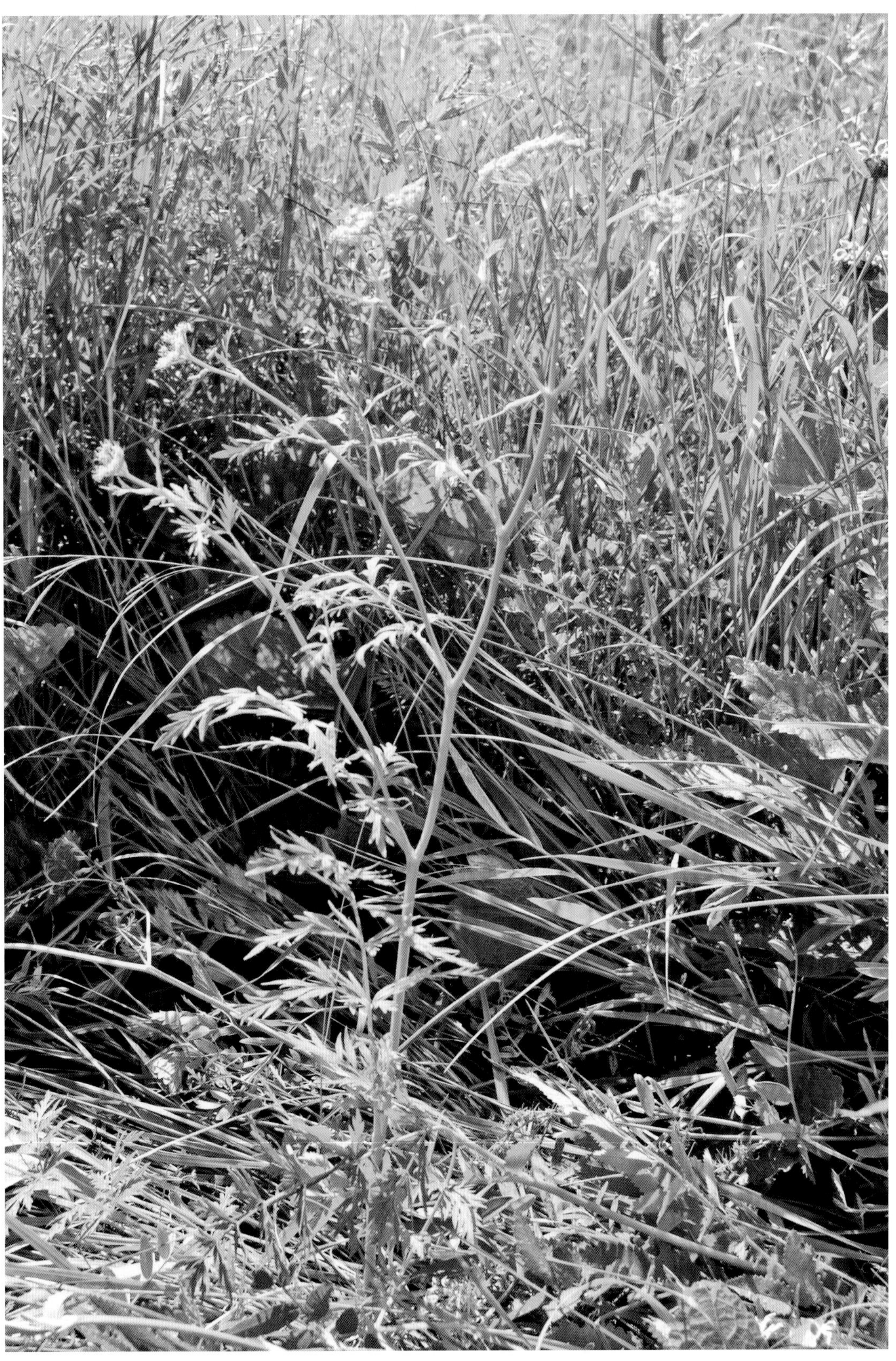

羊洪膻 *Pimpinella thellungiana* Wolff

泽芹 *Sium suave* Walt.

兴安蛇床 *Cnidium dahuricum*（Jacq.）Turcz. ex Mey.

蛇床 *Cnidium monnieri*（L.）Cuss.

柳叶芹 *Czernaevia laevigata* Turcz.

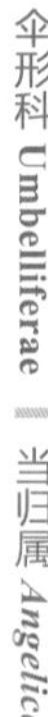

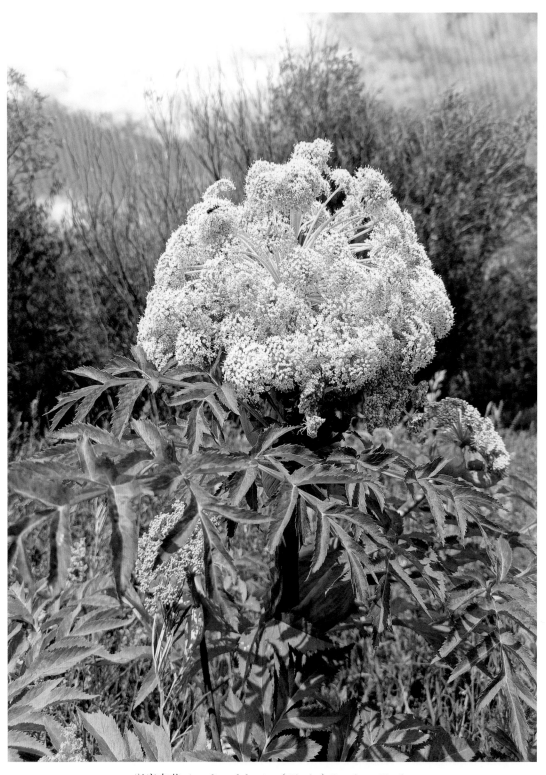

兴安白芷 *Angelica dahurica*（Fisch.）Benth. et Hook.

胀果芹 *Phlojodicarpus sibiricus*（Steph. ex Spreng.）K. -Pol.

石防风 *Peucedanum terebinthaceum*（Fisch.）Fisch. ex Turcz.

短毛独活 *Heracleum lanatum* Mickx.

防风 *Saposhnikovia divaricata*（Turcz.）Schischk.

红瑞木 *Swida alba* Opiz

鹿蹄草 *Pyrola rotundifolia* L.

红花鹿蹄草 *Pyrola incarnata* Fisch. ex DC.

兴安杜鹃 *Rhododendron dauricum* L.

越橘 *Vaccinium vitis-idaea* L.

杜鹃花科 Ericaceae | 越橘属 *Vaccinium* L.

笃斯越橘 *Vaccinium uliginosum* L.

翠南报春 *Primula sieboldii* E. Morren

粉报春 *Primula farinosa* L.

东北点地梅 *Androsace filiformis* Retz.

北点地梅 *Androsace septentrionalis* L.

报春花科 Primulaceae | 点地梅属 *Androsace* L.

大苞点地梅 *Androsace maxima* L.

海乳草 *Glaux maritima* L.

狼尾花 *Lysimachia barystachys* Bunge

黄莲花 *Lysimachia davurica* Ledeb.

黄花补血草 *Limonium aureum*（L.）Hill

二色补血草 *Limonium bicolor*（Bunge）O. Kuntze

白花丹科 Plumbaginaceae ｜ 补血草属 *Limonium* Mill.

莕菜 *Nymphoides peltata*（S. G. Gmel.）Kuntze

鳞叶龙胆 *Gentiana squarrosa* Ledeb.

秦艽 *Gentiana macrophylla* Pall.

龙胆科 Gentianaceae | 龙胆属 *Gentiana* L.

达乌里龙胆 *Gentiana dahurica* Fisch.

扁蕾 *Gentianopsis barbata*（Froel.）Ma

北方獐牙菜 *Swertia diluta*（Turcz.）Benth.

瘤毛獐牙菜 *Swertia pseudochinensis* Hara

花锚 *Halenia corniculata*（L.）Cornaz

徐长卿 *Cynanchum paniculatum*（Bunge）Kitag.

萝藦科 Asclepiadcaeae ‖ 鹅绒藤属 Cynanchum L.

地梢瓜 *Cynanchum thesioides*（Freyn）K. Schum.

鹅绒藤 *Cynanchum chinense* R. Br.

萝藦 *Metaplexis japonica*（Thunb.）Makino

打碗花 *Calystegia hederacea* Wall. ex Roxb.

旋花科 Convolvulaceae ■ 打碗花属 *Calystegia* R. Br.

宽叶打碗花 *Calystegia sepium*（L.）R. Br.

银灰旋花 *Convolvulus ammannii* Desr.

田旋花 *Convolvulus arvensis* L.

圆叶牵牛 *Pharbitis purpurea*（L.）Voigt.

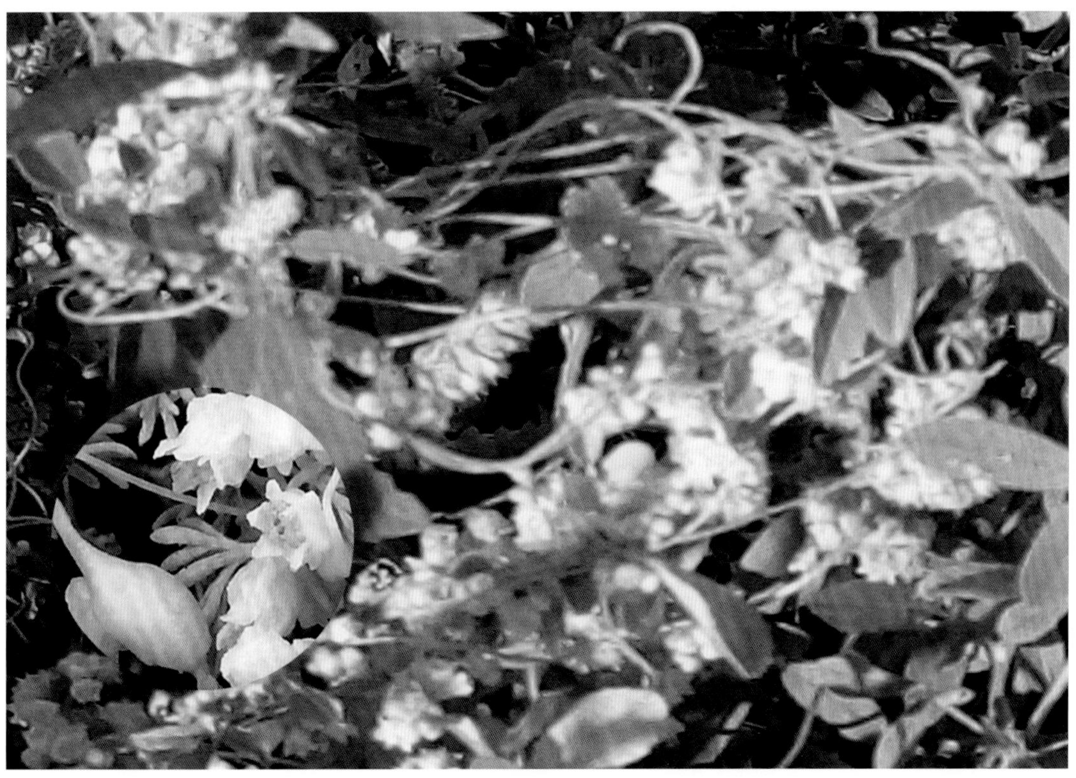

菟丝子 *Cuscuta chinensis* Lam.

旋花科 Convolvulaceae | 菟丝子属 *Cuscuta* L.

大菟丝子 *Cuscuta europaea* L.

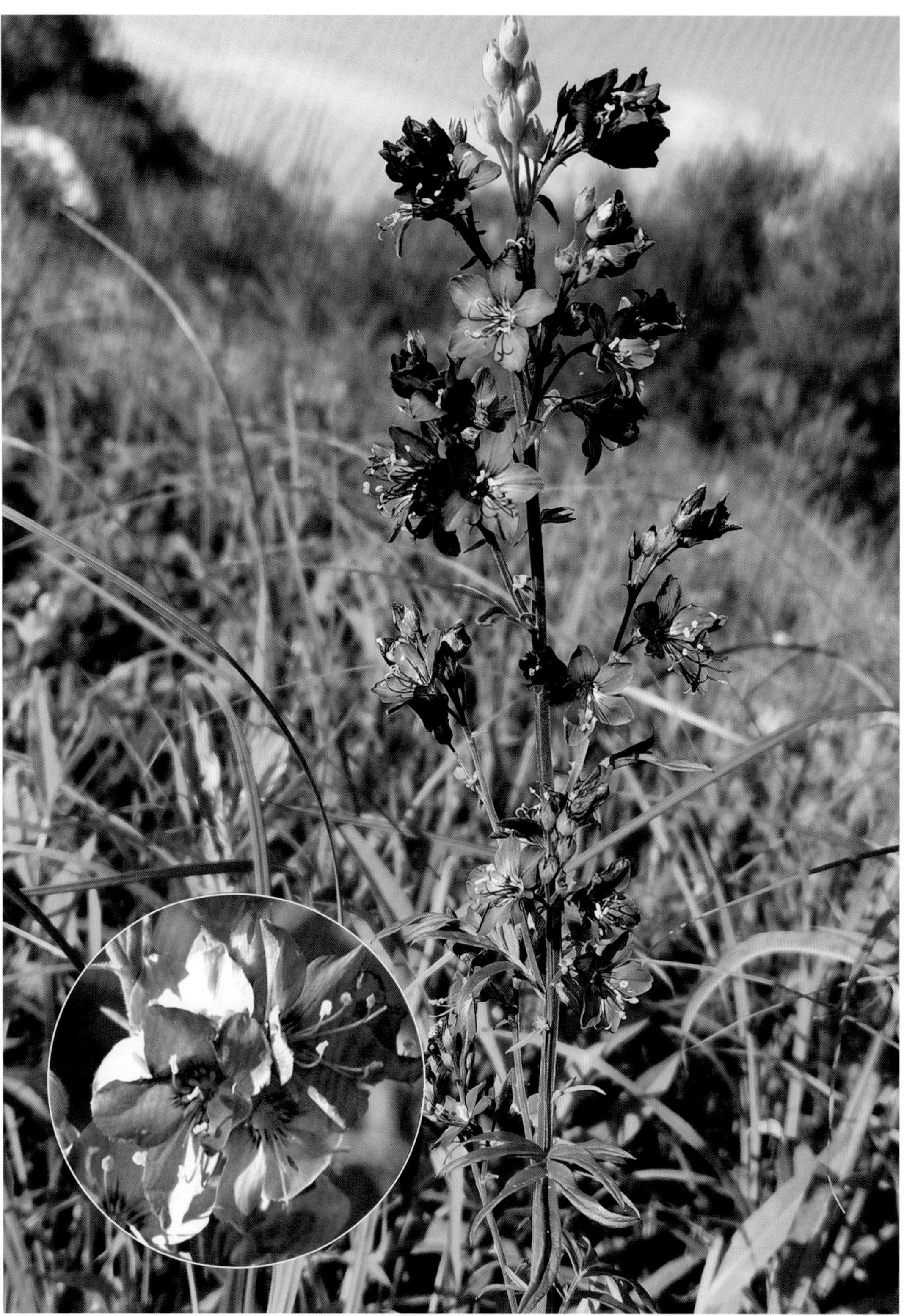

中华花荵 *Polemonium chinense*（Brand）Brand

大果琉璃草 *Cynoglossum divaricatum* Steph.

鹤虱 *Lappula myosotis* V. Wolf.

湿地勿忘草 *Myosotis caespitosa* Schultz

紫草科 Boraginaceae | 勿忘草属 *Myosotis* L.

勿忘草 *Myosotis sylvatica* Hoffm.

草原勿忘草 *Myosotis suaveolens* Wald. et Kit.

钝背草 *Amblynotus obovatus*（Ledeb.）Johnst.

水棘针 *Amethystea coerulea* L.

黄芩 *Scutellaria baicalensis* Georgi

并头黄芩 *Scutellaria scordifolia* Fisch. ex Schrank

夏至草 *Lagopsis supina*（Steph.）lk. -Gal. ex Knorr.

多裂叶荆芥 *Schizonepeta multifida*（L.）Briq.

光萼青兰 *Dracocephalum argunense* Fisch. ex Link

青兰 *Dracocephalum ruyschiana* L.

白花枝子花 *Dracocephalum heterophyllum* Benth.

唇形科 Labiatae ‖ 青兰属 *Dracocephalum* L.

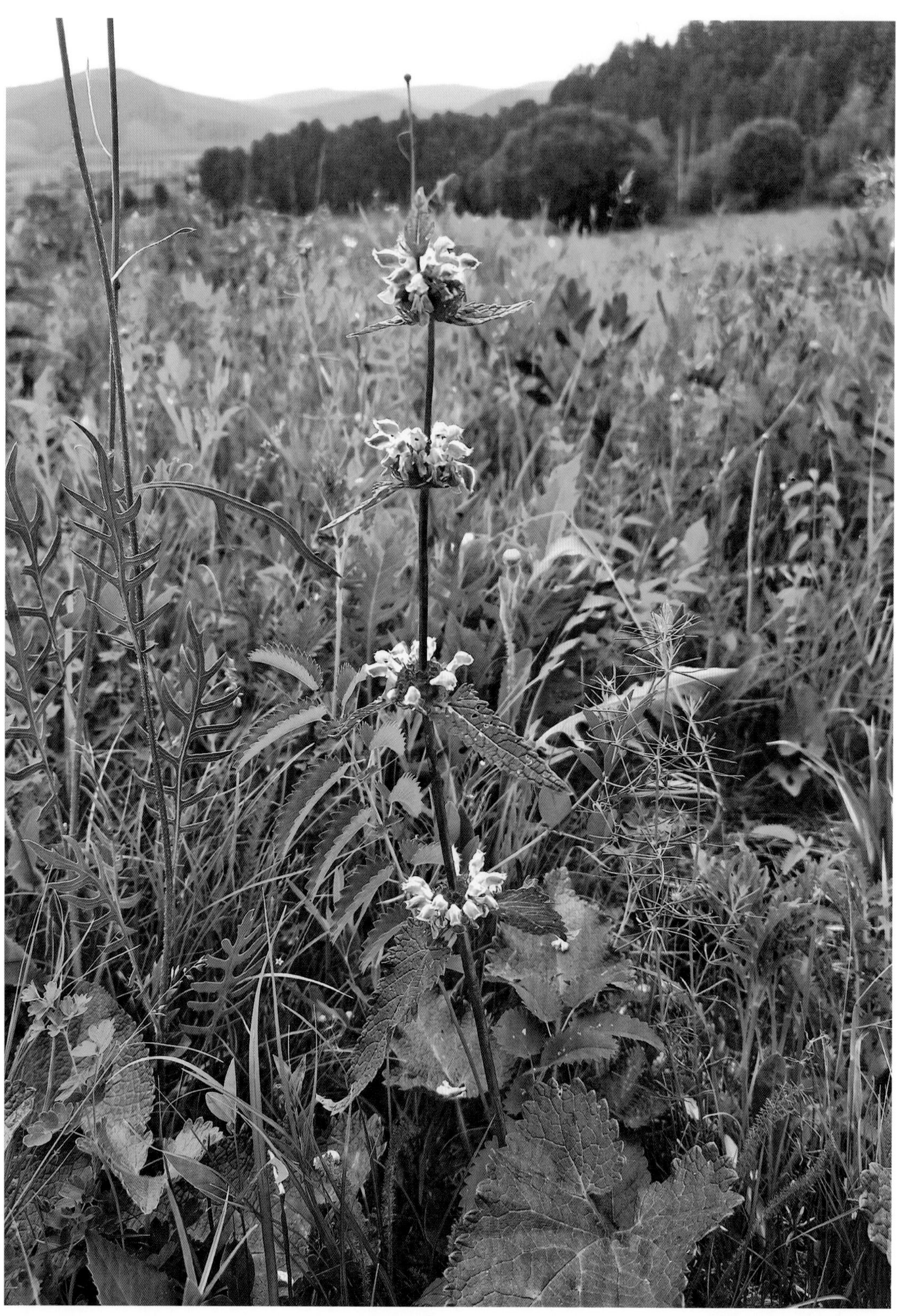

块根糙苏 *Phiomis tuberosa* L.

串铃草 *Phlomis mongolica* Turcz.

鼬瓣花 *Galeopsis bifida* Boenn.

短柄野芝麻 *Lamium album* L.

细叶益母草 *Leonurus sibiricus* L.

毛水苏 *Stachys riederi* Cham. ex Benth.

亚洲百里香 *Thymus serpyllum* L. var. *asiaticus* Kitag.

百里香 *Thymus serpyllum* L. var. *mongolicus* Ronn.

地笋 *Lycopus lucidus* Turcz. ex Benth.

薄荷 *Mentha haplocalyx* Briq.

细穗香薷 *Elsholtzia densa* Benth. var. *ianthina*（Maxim. et Kanitz）C. Y. Wu et S.C. Huang

香薷 *Elsholtzia ciliata*（Thunb.）Hyland.

泡囊草 *Physochlaina physaloides*（L.）G. Don

天仙子 *Hyoscyamus niger* L.

龙葵 *Solanum nigrum* L.

柳穿鱼 *Linaria vulgaris* Mill. subsp. *sinensis*（Beaux）Hong

玄参科 Scrophulariaceae 柳穿鱼属 *Linaria* Mill.

多枝柳穿鱼 *Linaria buriatica* Turcz. ex Benth.

鼻花 *Rhinanthus glaber* Lam.

草本威灵仙 *Veronicastrum sibiricm*（L.）Pennell

细叶婆婆纳 *Veronica linariifolia* Pall. ex Link

玄参科 Scrophulariaceae 婆婆纳属 *Veronica* L.

白婆婆纳 *Veronica incana* L.

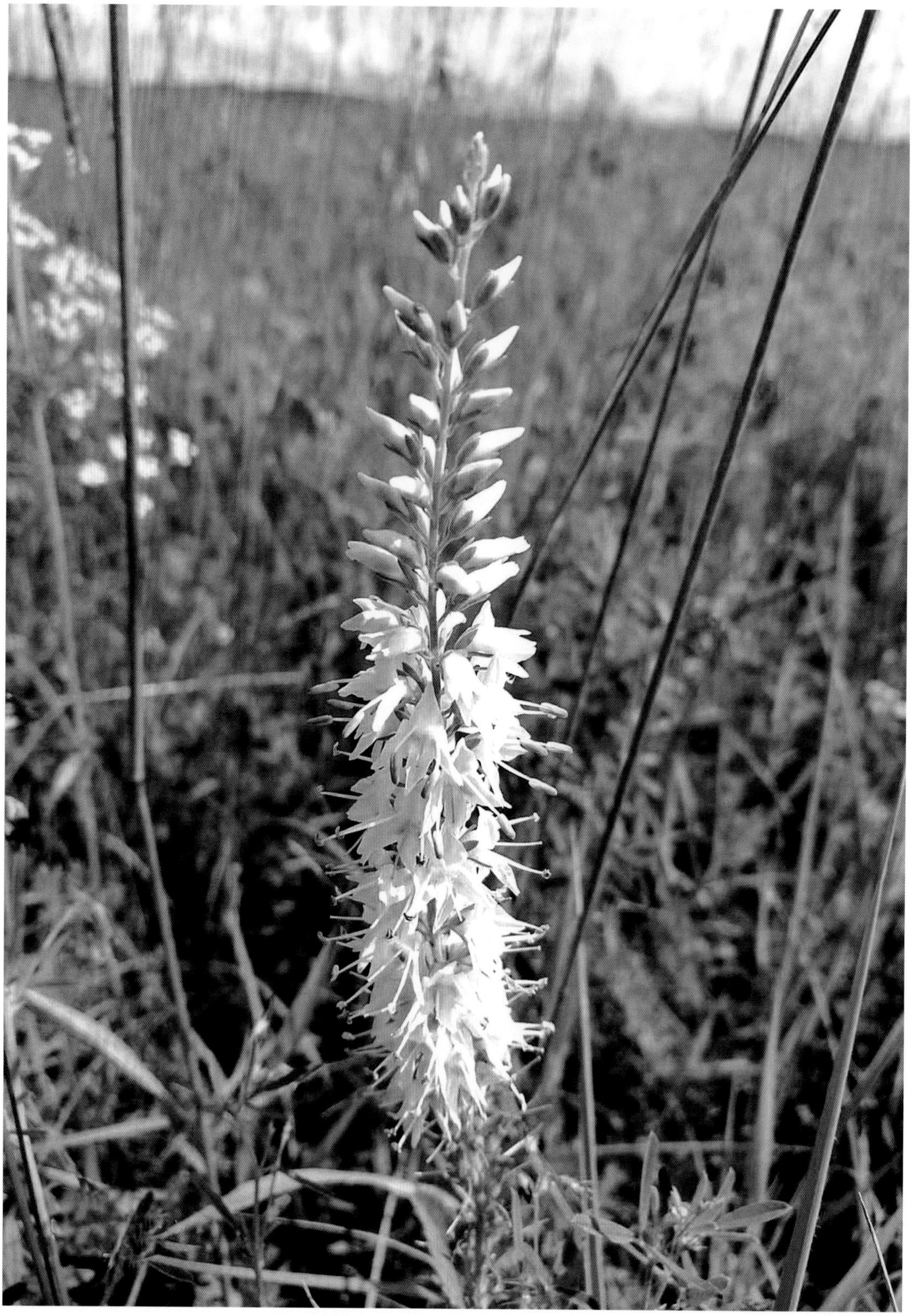

大婆婆纳 *Veronica dahurica* Stev.

兔儿尾苗 *Veronica longifolia* L.

玄参科 Scrophulariaceae 婆婆纳属 *Veronica* L.

北水苦荬 *Veronica anagallis-aquatica* L.

小米草 *Euphrasia pectinata* Ten.

疗齿草 *Odontites serotina*（Lam.）Dum.

卡氏沼生马先蒿 *Pedicularis palustriskaroi* L. subsp. *karoi*（Freyn）Tsoong

玄参科 Scrophulariaceae ■ 马先蒿属 *Pedicularis* L.

拉不拉多马先蒿 *Pedicularis labradorica* Wirsing

红纹马先蒿 *Pedicularis striata* Pall.

玄参科 Scrophulariaceae ■ 马先蒿属 *Pedicularis* L.

返顾马先蒿 *Pedicularis resupinata* L.

穗花马先蒿 *Pedicularis spicata* Pall.

轮叶马先蒿 *Pedicularis verticillata* L.

达乌里芯芭 *Cymbaria dahurica* L.

角蒿 *Incarvillea sinensis* Lam.

列当 *Orobanche coerulescens* Steph.

黄花列当 *Orobanche pycnostachya* Hance

狸藻 *Utricularia vulgaris* L.

盐生车前 *Plantago maritima* L. var. *salsa*（Pall.）Pilger

车前科 Plantaginaceae 车前属 *Plantago* L.

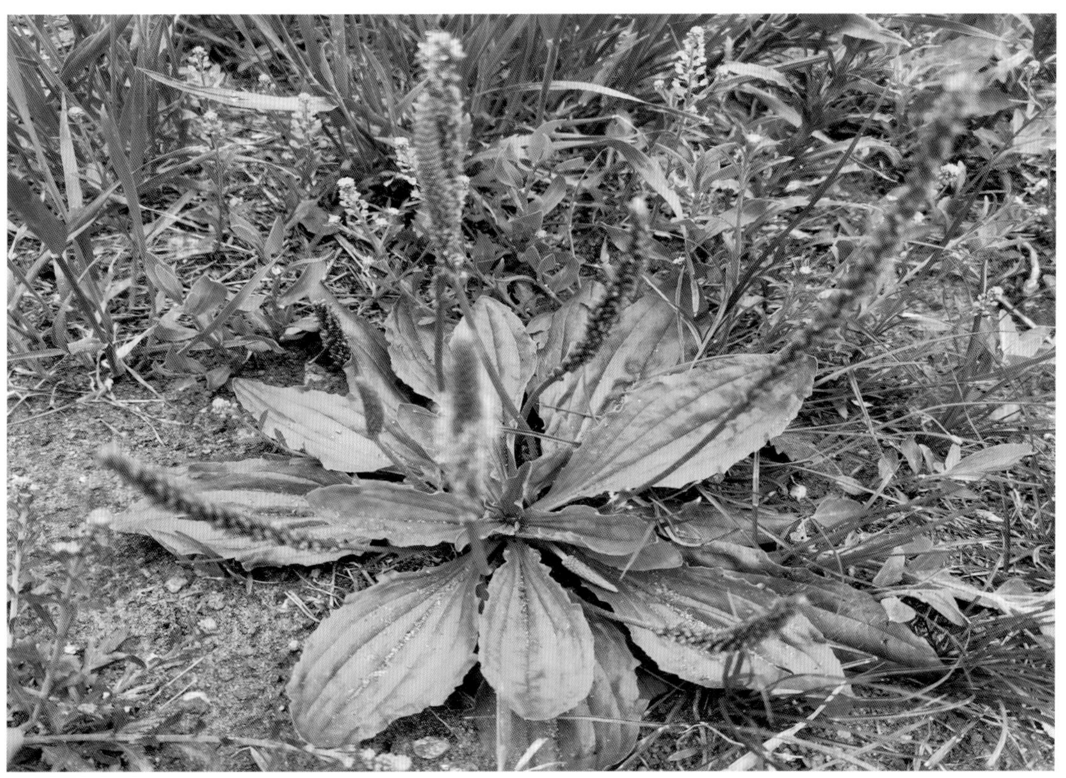

平车前 *Plantago depressa* Willd.

车前 *Plantago asiatica* L.

北方拉拉藤 *Galium boreale* L.

蓬子菜 *Galium verum* L.

茜草 *Rubia cordifolia* L.

蓝锭果忍冬 *Lonicera caerulea* L. var. *edulis* Turcz. ex Herd.

接骨木 *Sambucus williamsii* Hance

败酱 *Patrinia scabiosifolia* Fisch. ex Trev.

败酱科 Valerianaceae 败酱属 *Patrinia* Juss.

岩败酱 *Patrinia rupestris*（Pall.）Juss.

糙叶败酱 *Patrinia rupestris*（Pall.）Juss. subsp. *scabra*（Bunge）H. J. Wang

毛节缬草 *Valeriana alternifolia* Bunge

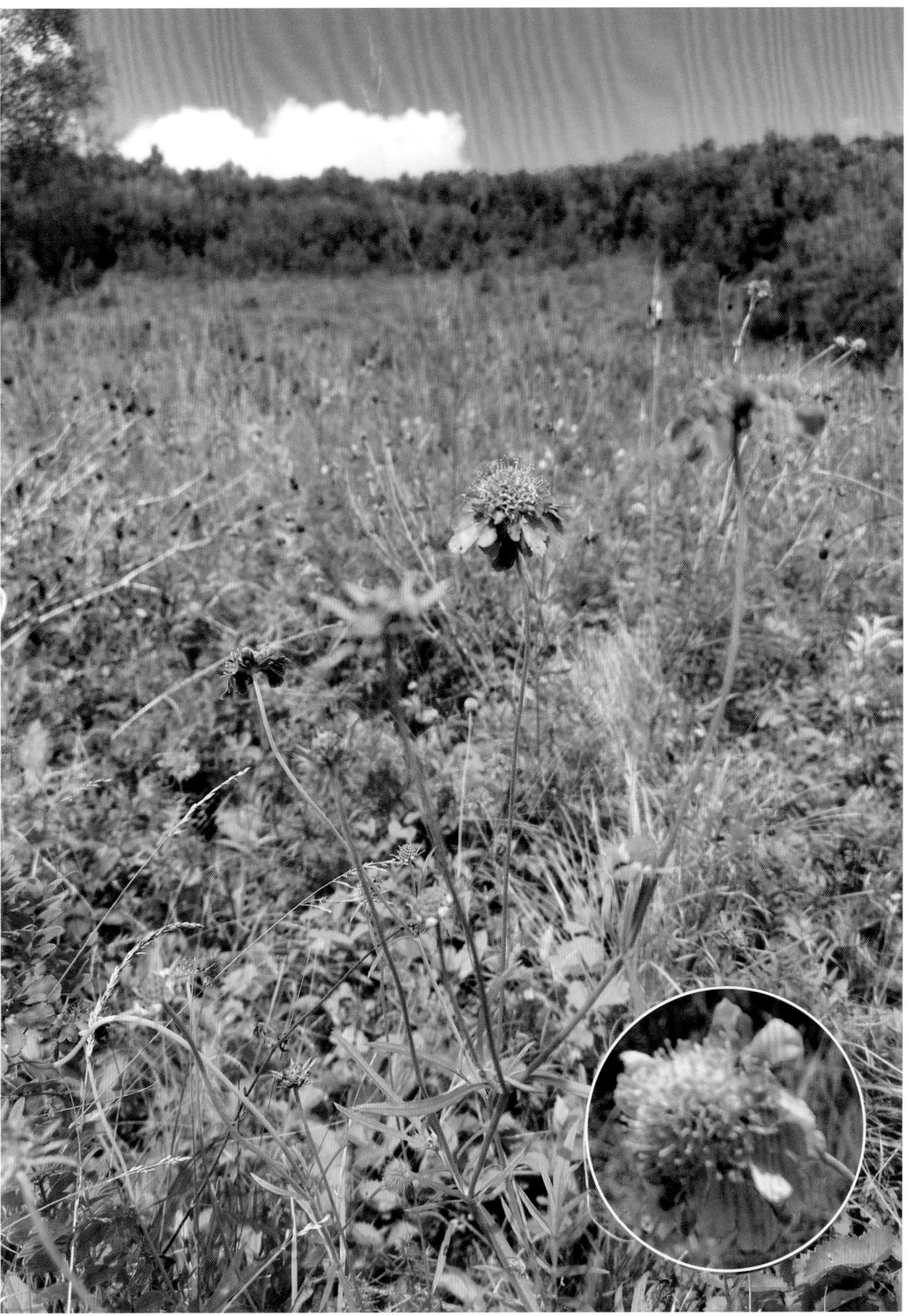

窄叶蓝盆花 *Scabiosa comosa* Fisch. ex Roem. et Schult.

华北蓝盆花 *Scabiosa tschiliensis* Grunning

桔梗 *Platycodon grandiflorus*（Jacq.）A. DC.

紫斑风铃草 *Campanula puntata* Lamk.

桔梗科 Campanulaceae | 风铃草属 *Campanula* L.

聚花风铃草 *Campanula glomerata* L. subsp. *cephalotes*（Nakai）Hong

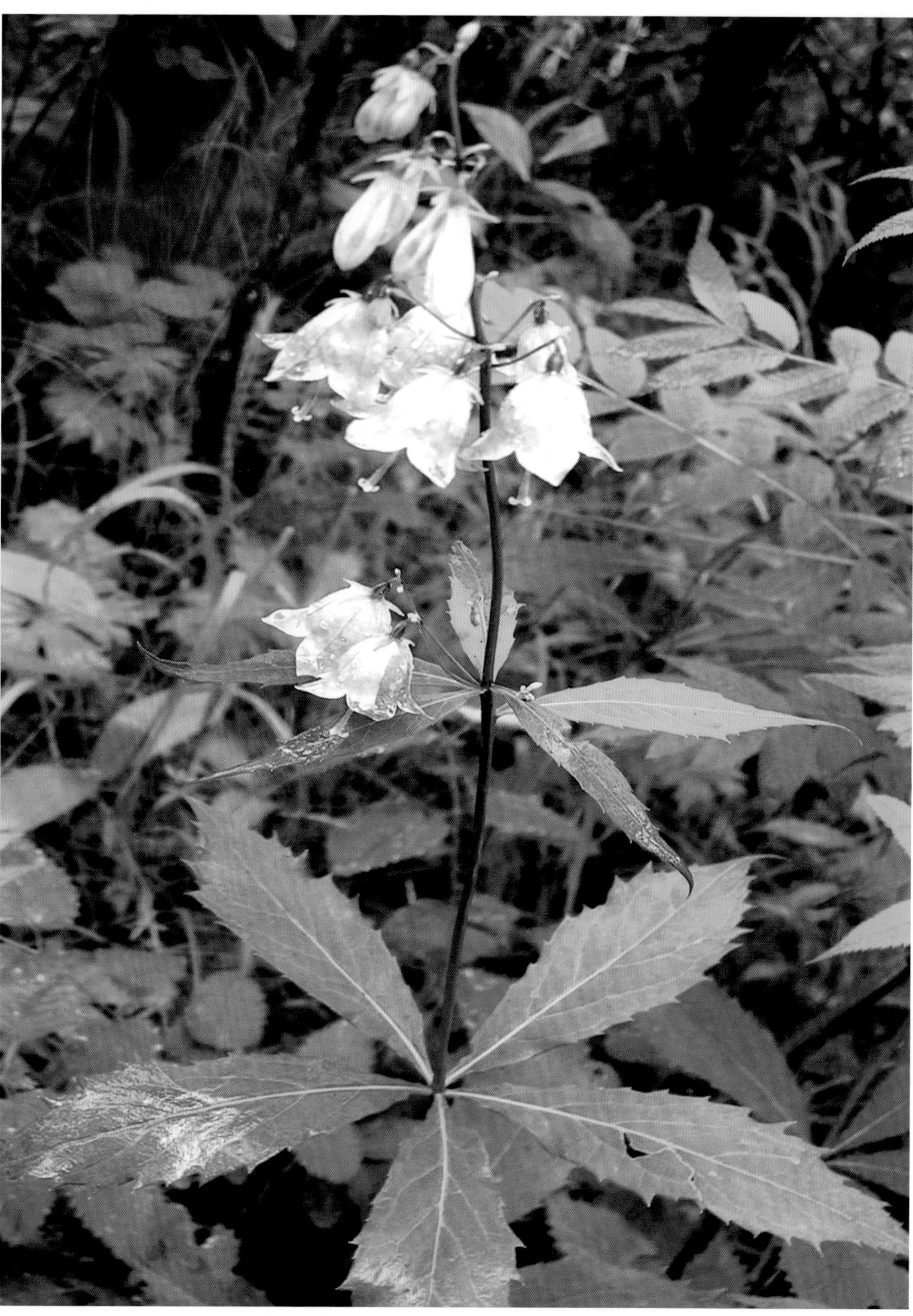

长白沙参 *Adenophora pereskiifolia*（Fisch. ex Roem. et Schult.）G. Don

狭叶沙参 *Adenophora gmelinii*（Spreng.）Fisch.

桔梗科 Campanulaceae ■ 沙参属 *Adenophora* Fisch.

紫沙参 *Adenophora paniculata* Nannf.

轮叶沙参 *Adenophora tetraphylla*（Thunb.）Fisch.

桔梗科 Campanulaceae | 沙参属 *Adenophora* Fisch.

皱叶沙参 *Adenophora stenanthina*（Ledeb.）Kitag. var. *crispata*（Korsh.）Y. Z. Zhao

长柱沙参 *Adenophora stenanthina*（Ledeb.）Kitag.

丘沙参 *Adenophora stenanthina* (Ledeb.) Kitag. var. *collina* (Kitag.) Y. Z. Zhao

草原沙参 *Adenophora pratensis* Y. Z. Zhao

林泽兰 *Eupatorium lindleyanum* DC.

全叶马兰 *Kalimeris integrifolia* Turcz. ex DC.

菊科 Compositae | 马兰属 *Kalimeris* Cass.

北方马兰 *Kalimeris mongolica*（Franch.）Kitam.

阿尔泰狗娃花 *Heteropappus altaicus*（Willd.）Novopokr.

多叶阿尔泰狗娃花 *Heteropappus altaicus*（Willd.）Novopok var. *millefolius*（Vant.）Wang

菊科 Compositae | 狗娃花属 *Heteropappus* Less.

兴安乳菀 *Galatella dahurica* DC.

高山紫菀 *Aster alpinus* L.

紫菀 *Aster tataricus* L. f.

莎菀 *Arctogeron gramineum*（L.）DC.

碱菀 *Tripolium vulgare* Nees

短星菊 *Brachyactis ciliata* Ledeb.

长茎飞蓬 *Erigeron elongatus* Ledeb.

小蓬草 *Conyza canadensis*（L.）Crongq.

火绒草 *Leontopodium leontopodioides*（Willd.）Beauv.

菊科 Compositae 火绒草属 *Leontopodium* R. Br.

绢茸火绒草 *Leontopodium smithianum* Hand. -Mazz.

湿生鼠麴草 *Gnaphalium tranzschelii* Kirp.

棉毛旋覆花 *Inual britannica* L. var. *sublanata* Kom.

欧亚旋覆花 *Inula britanica* L.

棉毛欧亚旋覆花 *Inula britanica* L. var. *sublanata* Kom.

苍耳 *Xanthium sibiricum* Patrin

蒙古苍耳 *Xanthium mongolicum* Kitag.

柳叶鬼针草 *Bidens cernua* L.

狼杷草 *Bidens tripartita* L.

小花鬼针草 *Bidens parviflora* Willd.

菊科 Compositae | 鬼针草属 *Bidens* L.

齿叶蓍 *Achillea acuminata*（Ledeb）Sch. -Bip.

菊科 Compositae ▌ 蓍属 *Achillea* L.

蓍 *Achillea millefolium* L.

丝叶蓍 *Achillea setacea* Waldst

菊科 Compositae ‖ 蓍属 *Achillea* L.

高山蓍 *Achillea alpina* L.

小滨菊 *Leucanthemella linearis*（Matsum.）Tzvel.

楔叶菊 *Dendranthema naktongense*（Nakai）Tzvel.

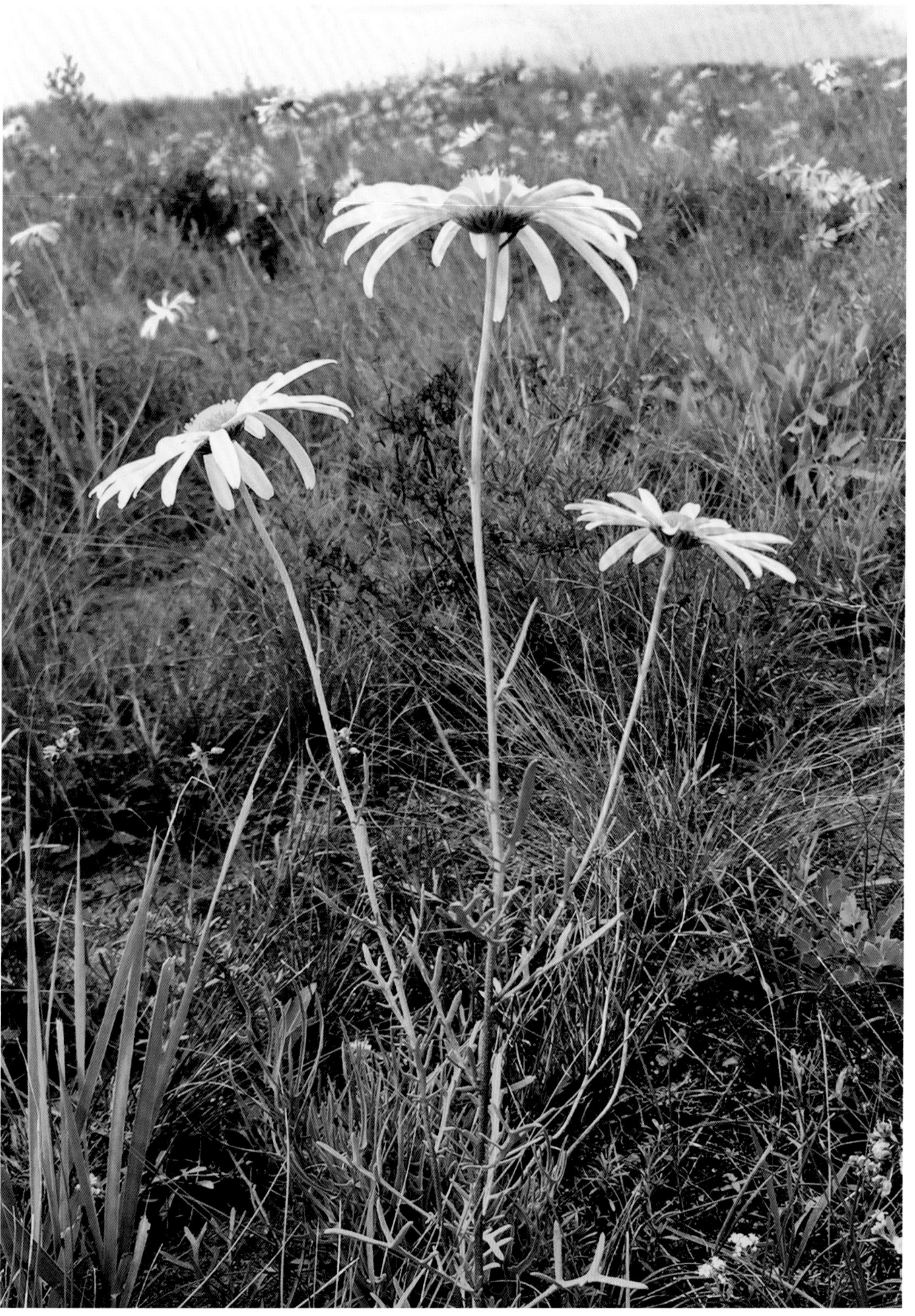

细叶菊 *Dendranthema maximowiczii*（Kom.）Tzvel.

同花母菊 *Matricaria matricarioides*（Less.）Porter ex Britton

菊蒿 *Tanacetum vulgare* L.

线叶菊 *Filifolium sibiricum*（L.）Kitam.

大籽蒿 *Artemisia sieversiana* Ehrhart ex Willd.

菊科 Compositae ▮ 蒿属 *Artemisia* L.

碱蒿 *Artemisia anethifolia* Web. ex Stechm.

莳萝蒿 *Artemisia anethoides* Mattf.

菊科 Compositae ■ 蒿属 *Artemisia* L.

冷蒿 *Artemisia frigida* Willd.

紫花冷蒿 *Artemisia frigida* Willd. var. *atropurpurea* Pamp.

菊科 Compositae ‖ 蒿属 Artemisia L.

宽叶蒿 *Artemisia latifolia* Ledeb.

白莲蒿 *Artemisia sacrorum* Ledeb.

菊科 Compositae ‖ 蒿属 *Artemisia* L.

黄花蒿 *Artemisia annua* L.

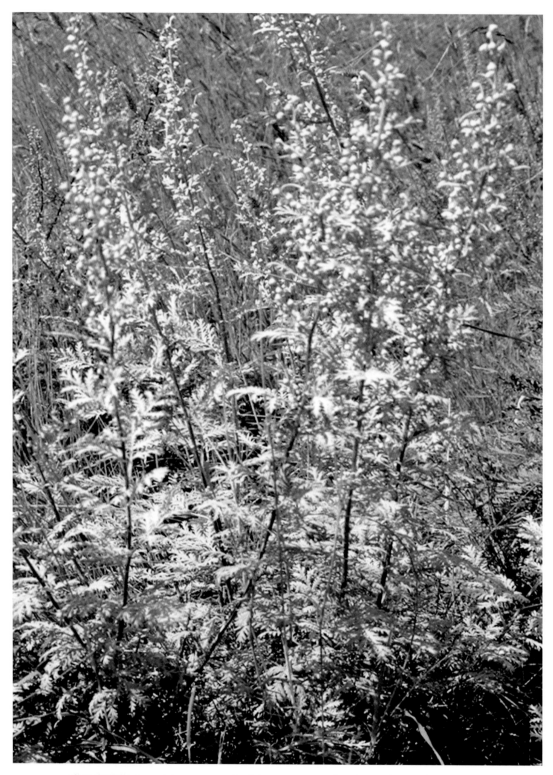

密毛白莲蒿 *Artemisia sacrorum* Ledeb. var. *messerchmidtiana*（Bess.）Y. R. Ling

黑蒿 *Artemisia palustris* L.

艾 *Artemisia argyi* Levl. et Van.

菊科 Compositae ‖ 蒿属 *Artemisia* L.

野艾蒿 *Artemisia lavandulaefolia* DC.

柳叶蒿 *Artemisia integrifolia* L.

蒙古蒿 *Artemisia mongolica* Nakai

菊科 Compositae ▌蒿属 *Artemisia* L.

龙蒿 *Artemisia dracunculus* L.

差不嘎蒿 *Artemisia halodendron* Turcz.

光沙蒿 *Artemisia oxycephala* Kitag.

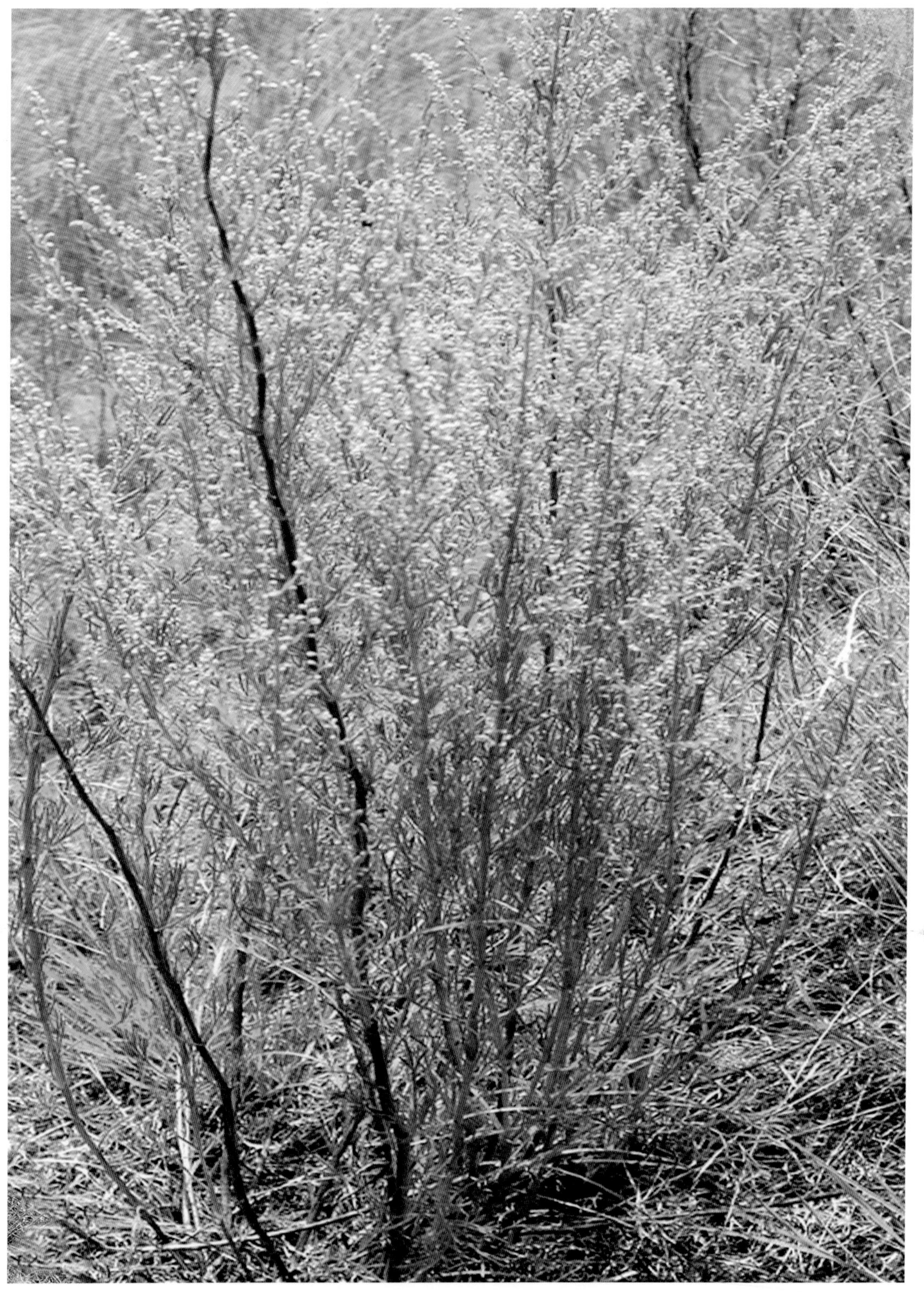

柔毛蒿 *Artemisia pubescens* Ledeb.

猪毛蒿 *Artemisia scoparia* Waldst. et Kit.

菊科 Compositae ‖ 蒿属 *Artemisia* L.

东北牡蒿 *Artemisia manshurica*（Kom.）Kom.

黄金蒿 *Artemisia aurata* Kom.

漠蒿 *Artemisia desertorum* Spreng.

东北蛔蒿 *Seriphidium finitum* (Kitag.) Ling et Y. R. Ling

山尖子 *Cacalia hastata* L.

菊科 Compositae ▌蟹甲草属 *Cacalia* L.

无毛山尖子 *Cacalia hastam* L. var. *glabra* Ledeb.

栉叶蒿 *Neopallasia pectinata*（Pall.）Poljak.

红轮狗舌草 *Tephroseris flammea*（Turcz. ex DC.）Holub

狗舌草 *Tephroseris kirilowii*（Turcz. ex DC.）Holub

麻叶千里光 *Senecio cannabifolius* Less.

菊科 Compositae ‖ 千里光属 *Senecio* L.

额河千里光 *Senecio argunensis* Turcz.

林阴千里光 *Senecio nemorensis* L.

砂蓝刺头 *Echinops gmelinii* Turcz.

驴欺口 *Echinops latifolius* Tausch.

蹄叶橐吾 *Ligularia fischeri*（Ledeb.）Turcz.

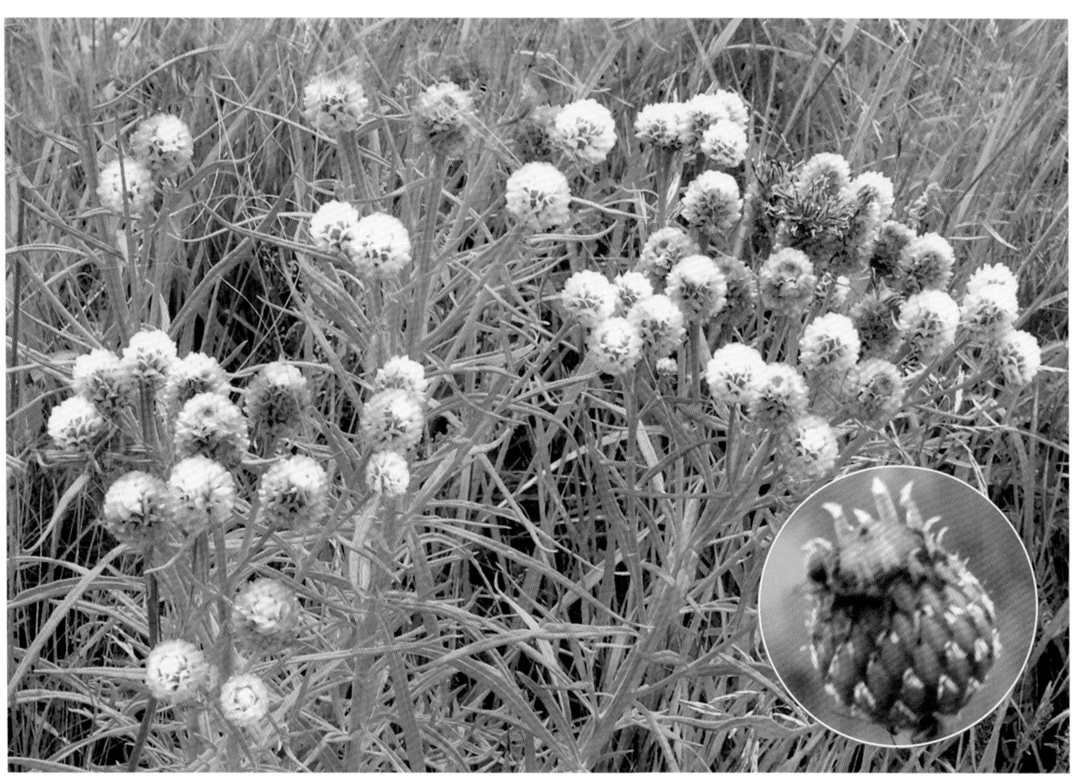

美花风毛菊 *Saussurea pulchella*（Fisch.）Fisch.

草地风毛菊 *Saussurea amara*（L.）DC.

菊科 Compositae ‖ 风毛菊属 *Saussurea* DC.

翼茎风毛菊 *Saussurea japonica*（Thunb.）DC. var. *alata*（Regel）Kom.

菊科 Compositae 风毛菊属 *Saussurea* DC.

达乌里风毛菊 *Saussurea davurica* Adam.

柳叶风毛菊 *Saussurea salicifolia*（L.）DC.

碱地风毛菊 *Saussurea runcinata* DC.

菊科 Compositae ‖ 风毛菊属 *Saussurea* DC.

羽叶风毛菊 *Saussurea maximowiczii* Herd.

菊科 Compositae ‖ 风毛菊属 *Saussurea* DC.

密花风毛菊 *Saussurea acuminata* Turcz.

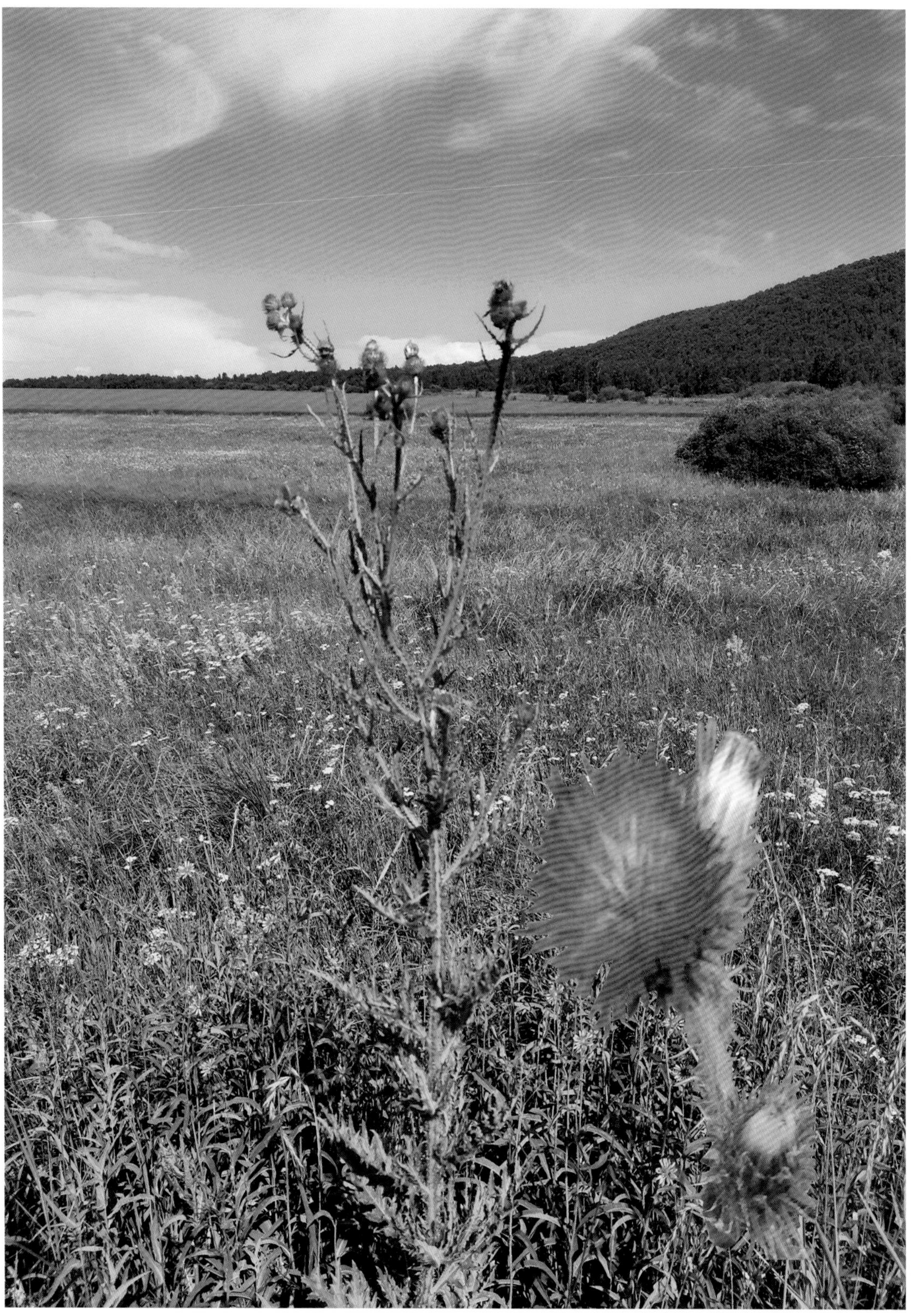

飞廉 *Carduus crispus* L.

绒背蓟 *Cirsium vlassovianum* Fisch.

菊科 Compositae 蓟属 *Cirsium* Mill. emend. Scop.

莲座蓟 *Cirsium esculentum*（Sievers）C. A. Mey.

刺儿菜 *Cirsiu segetum* Bunge

大刺儿菜 *Cirsium setosum*（Willd.）MB.

烟管蓟 *Cirsium pendulum* Fisch. ex DC.

麻花头 *Serratula centauroides* L.

伪泥胡菜 *Serratula coronata* L.

钟苞麻花头 *Serratula marginata* Tausch.

多头麻花头 *Serratula polycephala* lljin

漏芦 *Stemmacantha uniflora*（L.）Dittrich

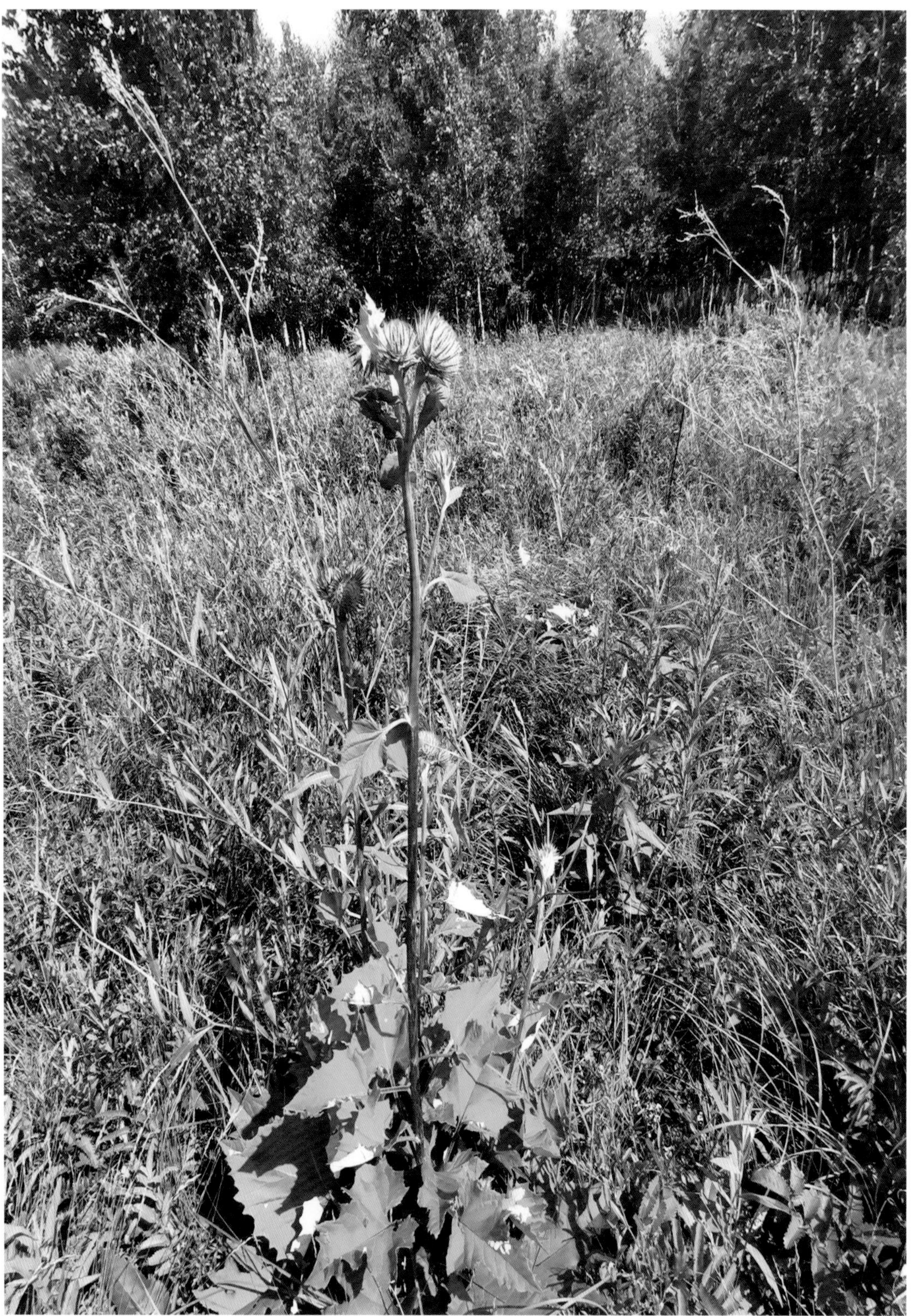

山牛蒡 *Synurus deltoides*（Ait.）Nakai

大丁草 *Leibnitzia anandria*（L.）Turcz.

猫儿菊 *Achyrophorus ciliatus*（Thunb.）Sch. -Bip.

东方婆罗门参 *Tragopogon orientalis* L.

笔管草 *Scorzonera albicaulis* Bunge

毛梗鸦葱 *Scorzonera radiata* Fisch.

丝叶鸦葱 *Scorzonera curvata*（Popl.）Lipsch.

菊科 Compositae ‖ 鸦葱属 *Scorzonera* L.

桃叶鸦葱 *Scorzonera sinensis* Lipsch.

毛连菜 *Picris davurica* Fisch.

白花蒲公英 *Taraxacum pseudo-albidum* Kitag.

东北蒲公英 *Taraxacum ohwianum* Kitam.

菊科 Compositae | 蒲公英属 *Taraxacum* Weber

蒲公英 *Taraxacum mongolicum* Hand. -Mazz.

菊科 Compositae 蒲公英属 *Taraxacum* Weber

兴安蒲公英 *Taraxacum falcilobum* Kitag.

异苞蒲公英 *Taraxacum heterolepis* Nakai et Koidz. ex Kitag.

光苞蒲公英 *Taraxacum lamprolepis* Kitag.

菊科 Compositae 蒲公英属 *Taraxacum* Weber

红梗蒲公英 *Taraxacum erythropodium* Kitag.

山莴苣 *Lagedium sibiricum*（L.）Sojak

苣荬菜 *Sonchus arvensis* L.

多裂翅果菊 *Pterocypsela indica* Shih L. var. *laciniata*（Houtt.）H. C. Fu

野莴苣 *Lactuca seriola* Torner

屋根草 *Crepis tectorum* L.

还阳参 *Crepis crocea*（Lam.）Babc.

细叶黄鹌菜 *Youngia tenuifolia*（Willd.）Babc. et Stebb.

抱茎苦荬菜 *Ixeris sonchifolia*（Bunge）Hance

山苦荬 *Ixeris chinensis*（Thunb.）Nakai

中华苦荬菜 *Ixeris chinensis*（Thunb.）Kitag. subsp. *chinensis*

全缘山柳菊 *Hieracium hololeion* Maxim.

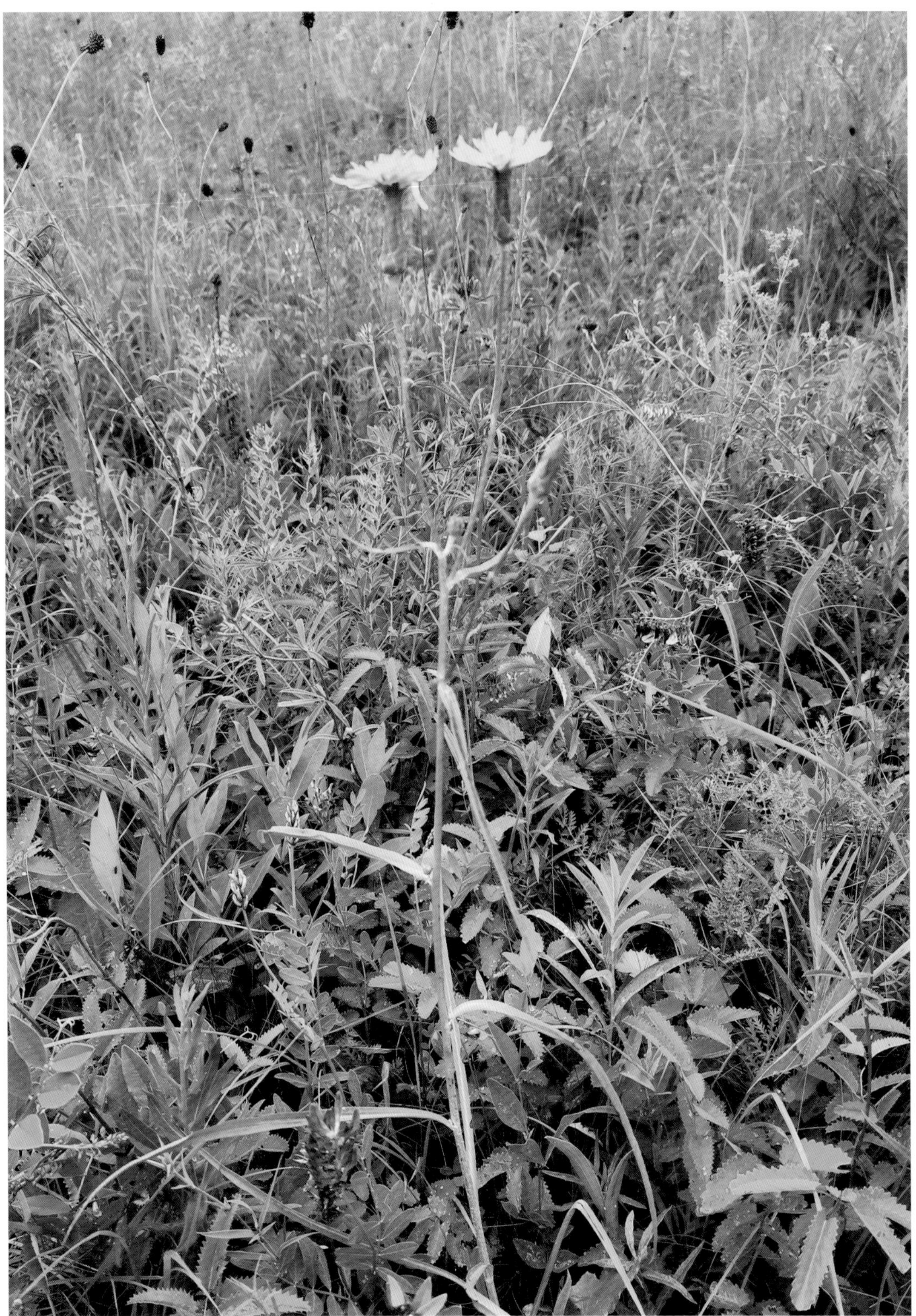

山柳菊 *Hieracium umbellatum* L.

宽叶香蒲 *Typha latifolia* L.

香蒲科 Typhaceae ‖ 香蒲属 *Typha* L.

小香蒲 *Typha minima* Funk

黑三棱 *Sparganium stoloniferum*（Graebn.）Buch. -Ham.

穿叶眼子菜 *Potamogeton perfoliatus* L.

海韭菜 *Triglochin maritimum* L.

水麦冬科 Juncaginaceae ‖ 水麦冬属 *Triglochin* L.

水麦冬 *Triglochin palustre* L.

泽泻 *Alisma orientale*（Sam.）Juz.

草泽泻 *Alisma gramineum* Lejeune

泽泻科 Alismataceae | 泽泻属 *Alisma* L.

野慈姑 *Sagittaria trifolia* L.

泽泻科 Alismataceae ‖ 慈姑属 *Sagittaria* L.

浮叶慈姑 *Sagittaria natans* Pall.

花蔺 *Butomus umbellatus* L.

菰 *Zizania latifolia*（Griseb.）Stapf

芦苇 *Phragmites australis*（Cav.）Trin. ex Steudel

水甜茅 *Glyceria triflora*（Korsh.）Kom.

沿沟草 *Catabrosa aquatica*（L.）Beauv.

达乌里羊茅 *Festuca dahurica*（St. -Yves）V. Krecz. et Bobr.

禾本科 Gramineae ‖ 羊茅属 *Festuca* L.

羊茅 *Festuca ovina* L.

散穗早熟禾 *Poa subfastigiata* Trin.

草地早熟禾 *Poa pratensis* L.

禾本科 Gramineae ‖ 早熟禾属 *Poa* L.

硬质早熟禾 *Leymus sphondylodes* Trin. ex Bunge

星星草 *Puccinellia tenuiflora*（Griseb.）Scribn. et Merr.

无芒雀麦 *Bromus inermis* Leyss.

垂穗披碱草 *Elymus nutans* Griseb.

披碱草 *Elymus dahuricus* Turcz.

禾本科 Gramineae ‖ 披碱草属 *Elymus* L.

圆柱披碱草 *Elymus cylindricus*（Franch.）Honda

紫穗鹅观草 *Roegneria purpurascens* Keng

偃麦草 *Elytrigia repens*（L.）Desv. ex Nevski

冰草 *Agropyron cristatum*（L.）Gaertn.

羊草 *Leymus chinensis*（Trin.）Tzvel.

赖草 *Leymus secalinus*（Georgi）Tzvel.

短芒大麦草 *Hordeum brevisubulatum*（Trin.）Link

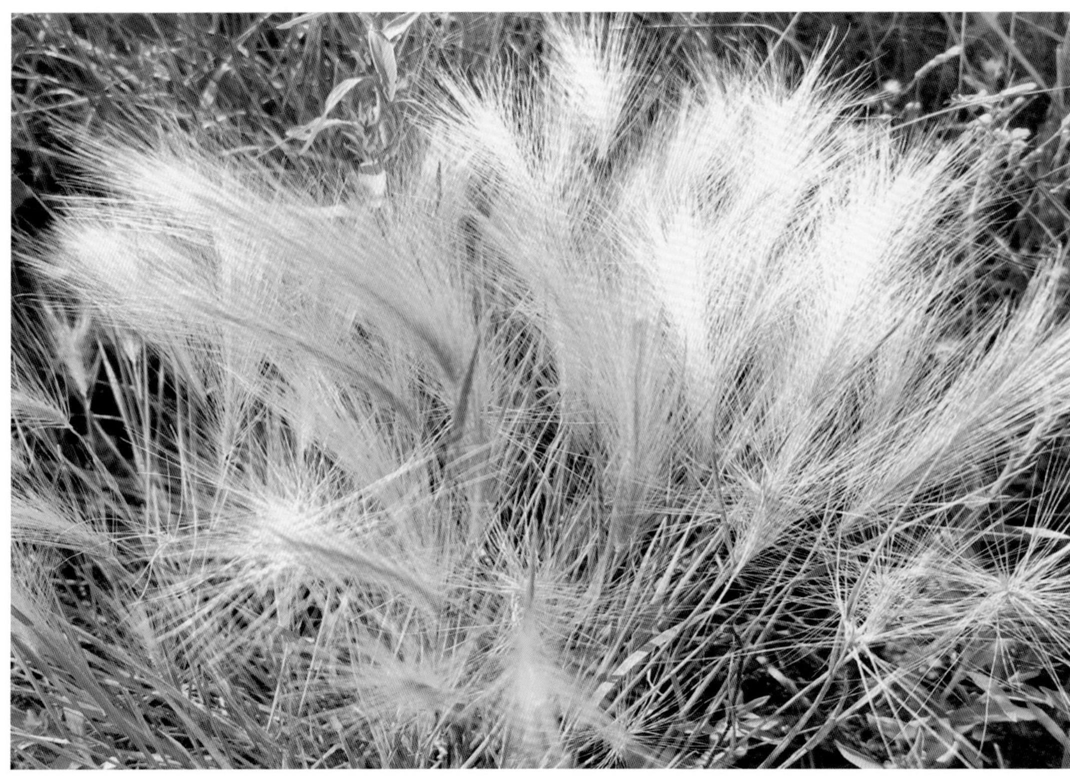

芒麦草 *Hordeum jubatum* Linn.

禾本科 Gramineae ▌大麦属 *Hordeum* L.

小药大麦草 *Hordeum roshevitzii* Bowd.

野燕麦 *Avena fatua* L.

菭草 *Koeleria cristata*（L.）Pers.

光稃茅香 *Anthoxanthum glabra* Trin.

短穗看麦娘 *Alopecurus brachystachyus* Bieb.

苇状看麦娘 *Alopecurus arundinaceus* Poir.

禾本科 Gramineae | 看麦娘属 *Alopecurus* L.

看麦娘 *Alopecurus aequalis* Sobol.

大拂子茅 *Calamagrostis macrolepis* Litv.

拂子茅 *Calamagrostis epigejos*（L.）Roth

禾本科 **Gramineae** | 拂子茅属 ***Calamagrostis* Adans.**

假苇拂子茅 *Calamagrostis pseudophragmites*（Hall. f.）Koeler.

菵草 *Beckmannia syzigachne*（Steud.）Fernald

大叶章 *Deyeuxia langsdorffii*（Link）Kunth

巨序翦股颖 *Agrostis gigantea* Roth

歧序翦股颖 *Agrostis divaricatissima* Mez

克氏针茅 *Stipa krylovii* Roshev.

大针茅 *Stipa grandis* P. Smirn.

贝加尔针茅 *Stipa baicalensis* Roshev.

芨芨草 *Achnatherum splendens*（Trin.）Nevski

羽茅 *Achnatherum sibiricum*（L.）Keng

画眉草 *Eragrostia pilosa*（L.）Beauv.

无毛画眉草 *Eragrostis pilosa*（L.）Beauv. var. *imberbis* Franch.

禾本科 Gramineae ▌画眉草属 *Eragrostis* Beavr.

小画眉草 *Eragrostis minor* Host

糙隐子草 *Cleistogenes squarrosa*（Trin.）Keng

禾本科 Gramineae ▌隐子草属 *Cleistogenes* Keng

中华隐子草 *Cleistogenes chinensis*（Maxim.）Keng

虎尾草 *Chloris virgata* Swartz

无芒稗 *Echinochloa crusgalli*（L.）Beauv. var. *mitis*（Pursh）Peterm

长芒稗 *Echinochloa canudata* Roshev.

白草 *Pennisetum centrasiaticum* Tzvel.

金色狗尾草 *Setaria glauca*（L.）Beauv.

禾本科 Gramineae ‖ 狗尾草属 *Setaria* Beauv.

狗尾草 *Setaria viridis*（L.）Beauv.

紫穗狗尾草 *Setaria viridis*（L.）Beauv. var. *purpurascens* Maxim.

荆三棱 *Scirpus yagara* Ohwi

扁秆藨草 *Scirpus planiculmis* Fr. Schmidt

单穗藨草 *Scirpus radicans* Schkuhr

莎草科 Cyperaceae ‖ 藨草属 *Scirpus* L.

东方藨草 *Scirpus orientalis* Ohwi

水葱 *Scirpus tabernaemontani* Gmel.

莎草科 Cyperaceae ■ 藨草属 *Scirpus* L.

羊胡子草 *Eriophorum vaginatum* L.

卵穗荸荠 *Eleocharis ovata*（Roth）Roem. et Schult.

中间型荸荠 *Eleocharis intersita* Zinserl.

花穗水莎草 *Juncellus pannonicus* (Jacq.) C. B. clarke

球穗扁莎 *Pycreus globosus*（All.）Reichb.

尖嘴苔草 *Carex leiorhyncha* C. A. Mey.

假尖嘴苔草 *Carex laevissima* Nakai

寸草苔 *Carex duriuscula* C. A. Mey

莎草科 Cyperaceae ‖ 苔草属 *Carex* L.

砾苔草 *Carex stenophylloides* V. Krecz.

莎草科 Cyperaceae ▪ 苔草属 *Carex* L.

小粒苔草 *Carex karoi* Freyn

细形苔草 *Carex tenuiformis* Levl. et Vant.

莎草科 Cyperaceae ‖ 苔草属 *Carex* L.

脚苔草 *Carex pediformis* C. A. Mey.

离穗苔草 *Carex eremopyroides* V. Krecz.

莎草科 Cyperaceae ‖ 苔草属 *Carex* L.

扁囊苔草 *Carex coriophora* Fisch. et Mey. ex Kunth

黄囊苔草 *Carex korshinskyi* Kom.

菖蒲 *Acorus calamus* L.

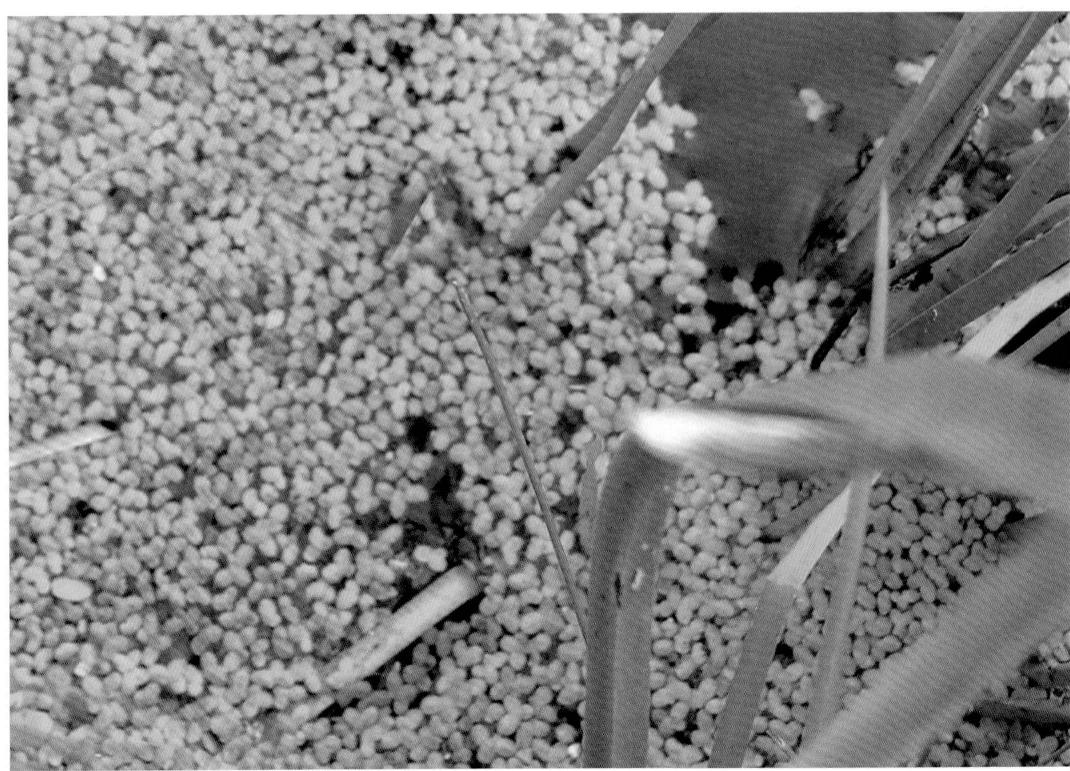

紫萍 *Spirodela polyrhiza*（L.）Schleid.

鸭跖草 *Commelina communis* L.

细灯心草 *Juncus gracillimus*（Buch.）Krecz. et Gontsch.

小黄花菜 *Hemerocallis minor* Mill.

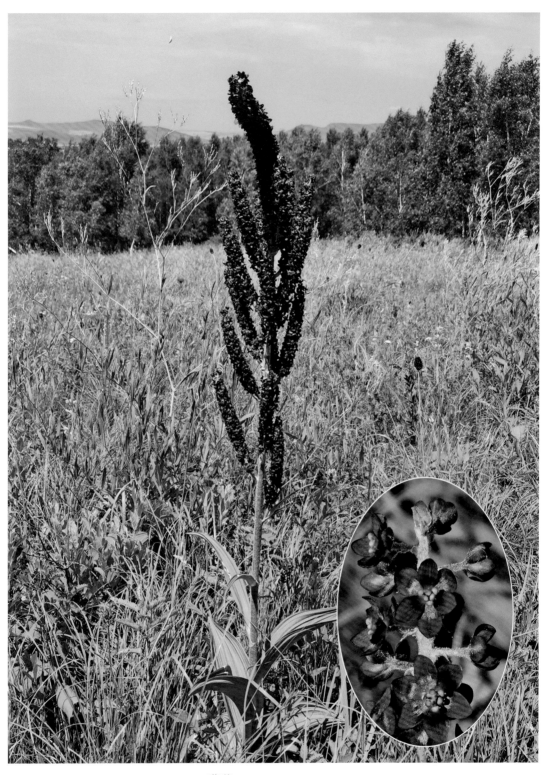

藜芦 *Veratrum nigrum* L.

兴安藜芦 *Veratrum dahuricum*（Turcz.）Loes. f.

少花顶冰花 *Gagea pauciflora* Turcz.

有斑百合 *Lilium concolor* Salisb. var. *pulchellum*（Fisch.）Regel

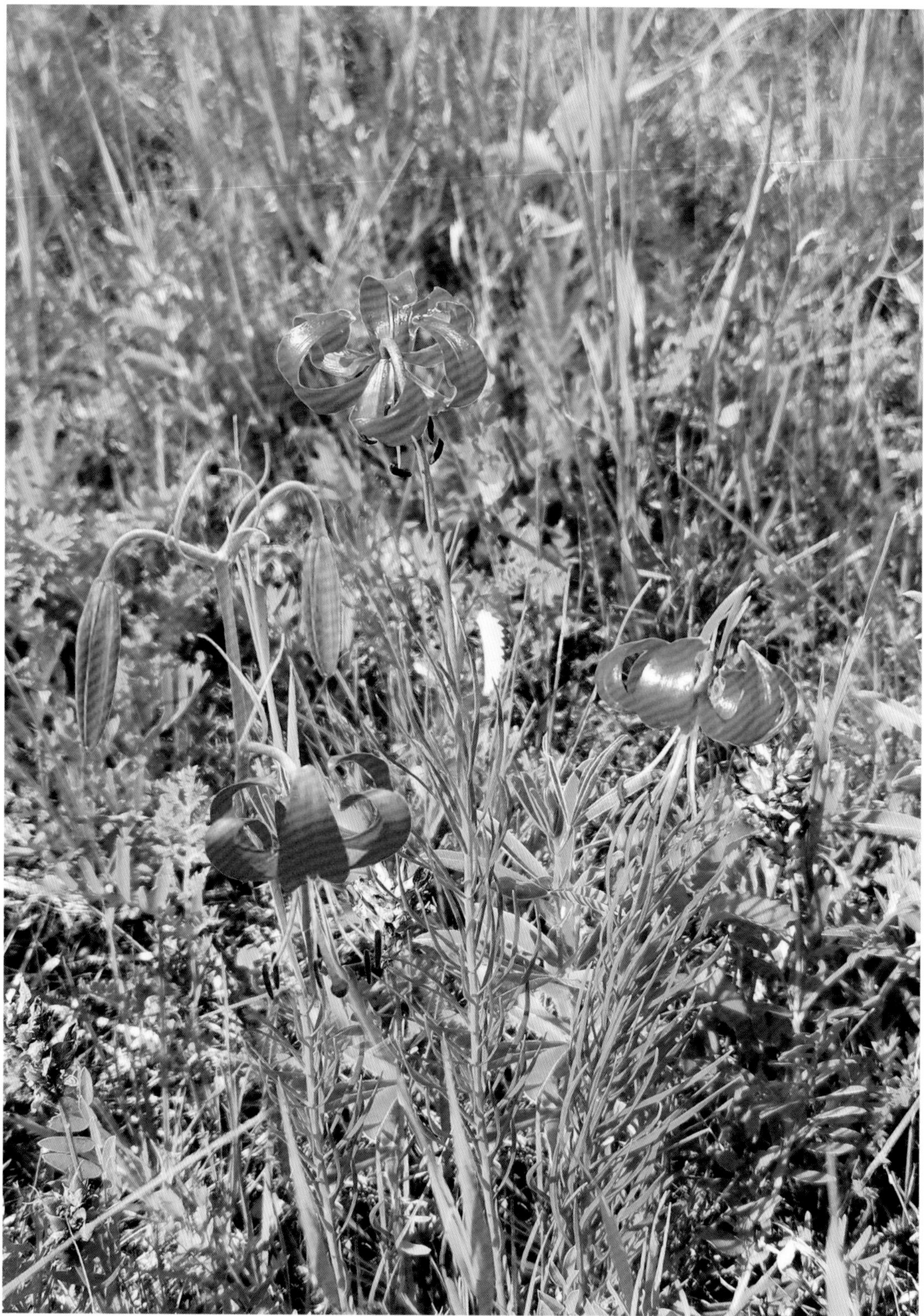

山丹 *Lilium pumilum* DC.

毛百合 *Lilium dauricum* Ker. -Gawl.

辉韭 *Allium strictum* Schard.

野韭 *Allium ramosum* L.

百合科 Liliaceae ▮ 葱属 *Allium* L.

碱韭 *Allium polyrhizum* Turcz. ex Regel

蒙古韭 *Allium mongolicum* Regel

百合科 Liliaceae ■ 葱属 *Allium* L.

砂韭 *Allium bidentatum* Fisch. ex Prokh.

山韭 *Allium senescens* L.

细叶韭 *Allium tenuissimum* L.

百合科 Liliaceae ‖ 葱属 *Allium* L.

矮韭 *Allium anisopodium* Ledeb.

黄花葱 *Allium condensatum* Turcz.

铃兰 *Convallaria majalis* L.

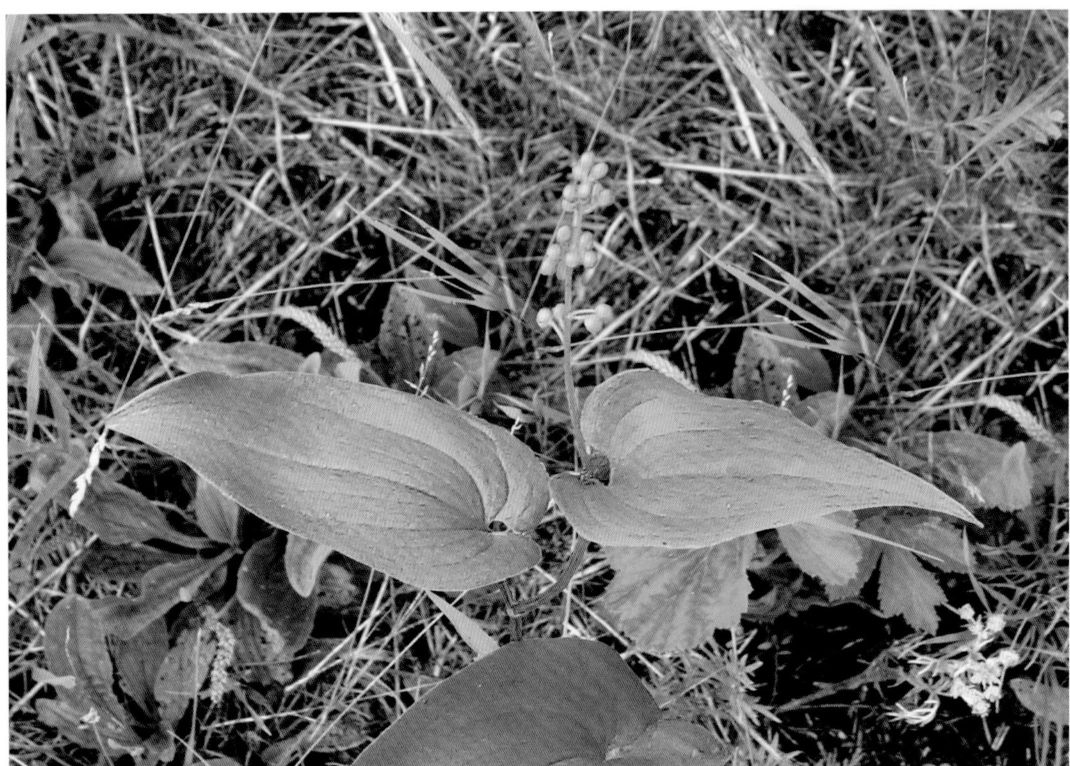

舞鹤草 *Maianthemum bifolium*（L.）F. W. Schmidt

小玉竹 *Polygonatum humile* Fisch. ex Maxim.

玉竹 *Polygonatum odoratum*（Mill.）Druce

百合科 Liliaceae | 黄精属 *Polygonatum* Mill.

黄精 *Polygonatum sibiricum* Delar. ex Redoute

兴安天门冬 *Asparagus dauricus* Fish ex Link

细叶鸢尾 *Iris tenuifolia* Pall.

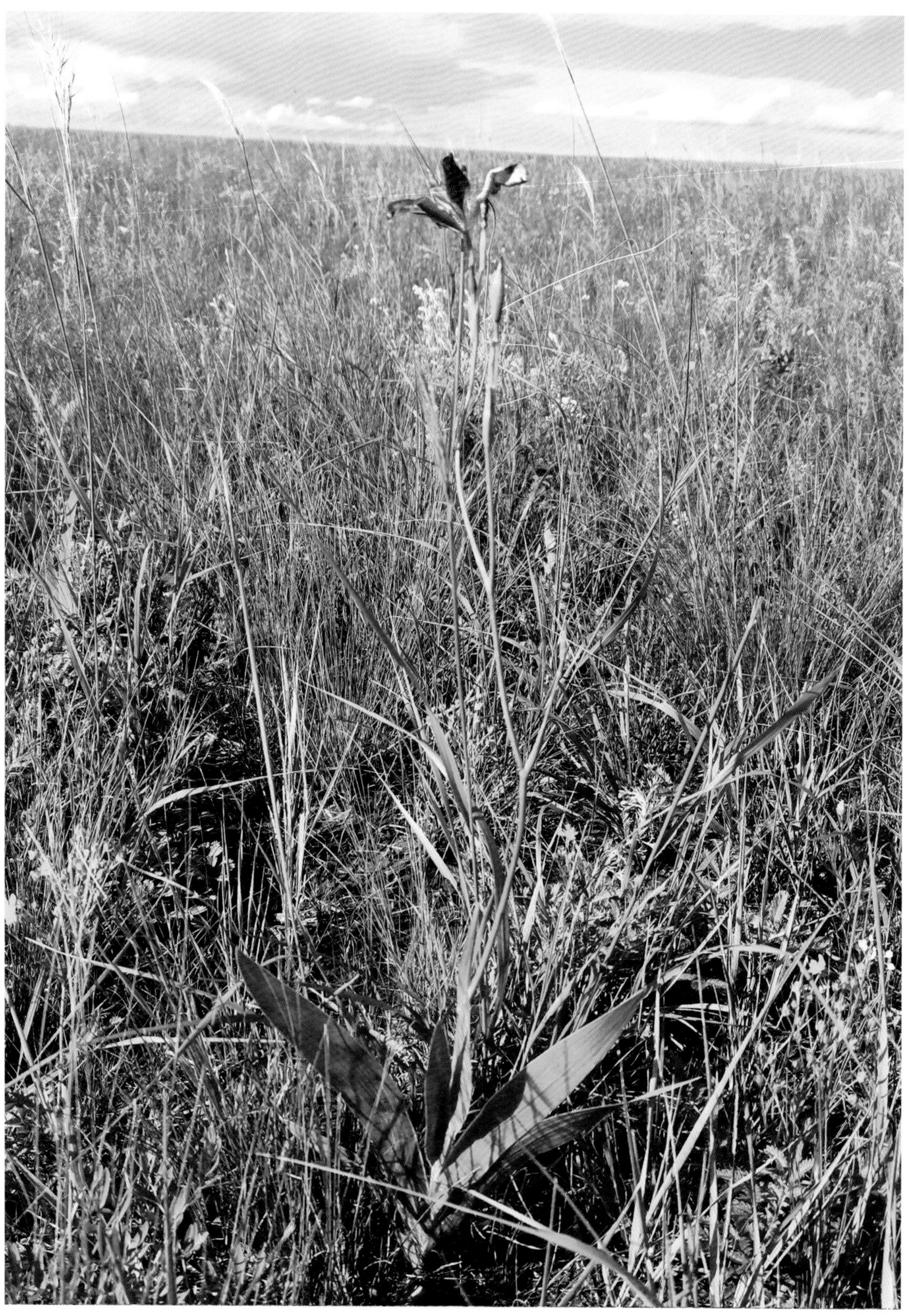

射干鸢尾 *Iris dichotoma* Pall.

囊花鸢尾 *Iris ventricosa* Pall.

鸢尾科 Iridaceae ▌鸢尾属 *Iris* L.

粗根鸢尾 *Iris tigridia* Bunge

马蔺 *Iris lactea* Pall. var. *chinensis*（Fisch.）Koidz.

鸢尾科 Iridaceae ‖ 鸢尾属 *Iris* L.

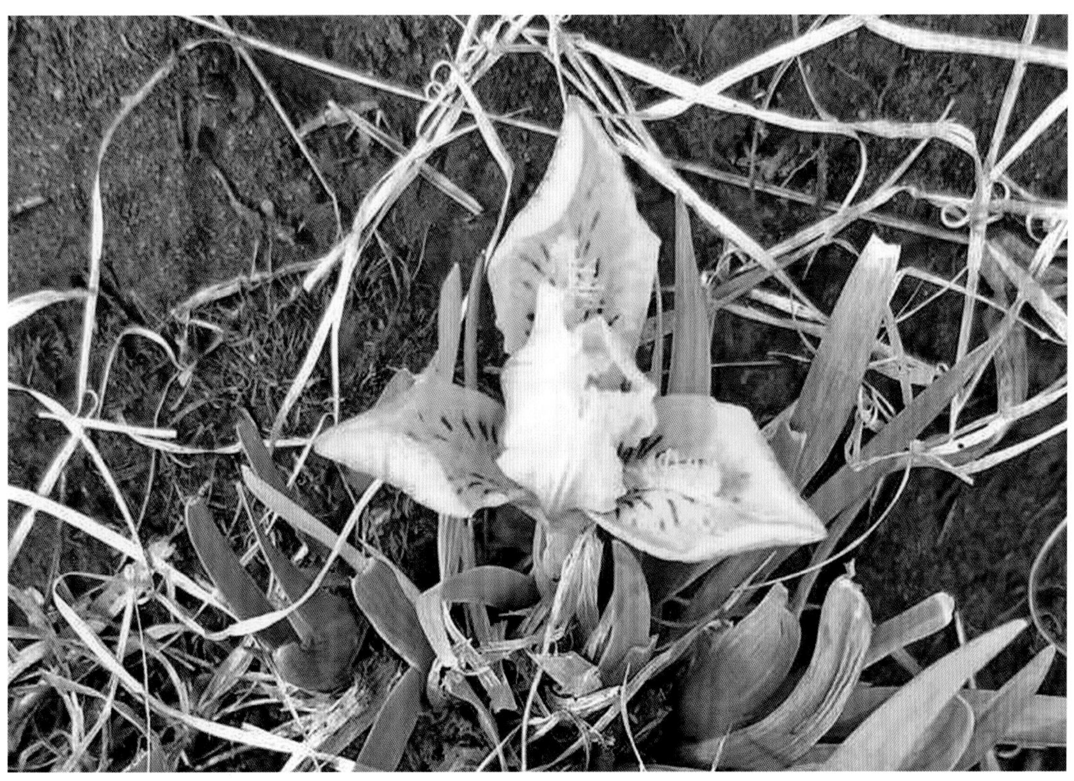

黄花鸢尾 *Iris flavssima* Pall.

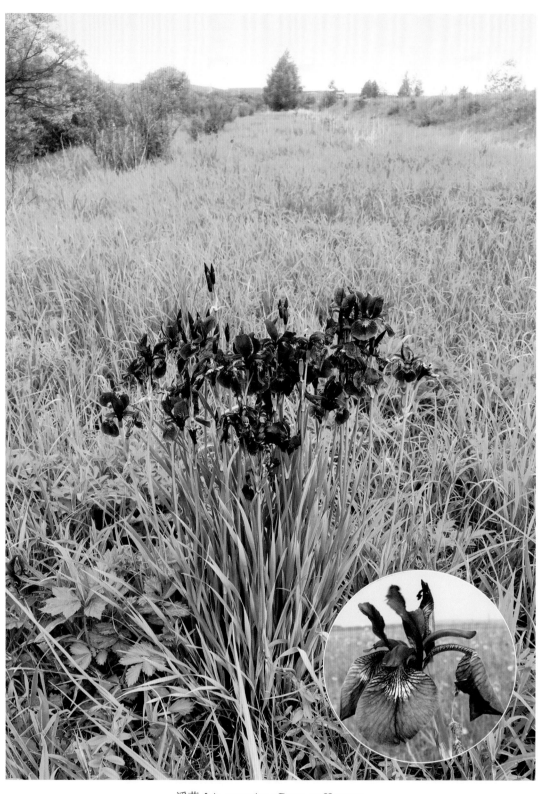

溪荪 *Iris sanguinea* Donn ex Hornem

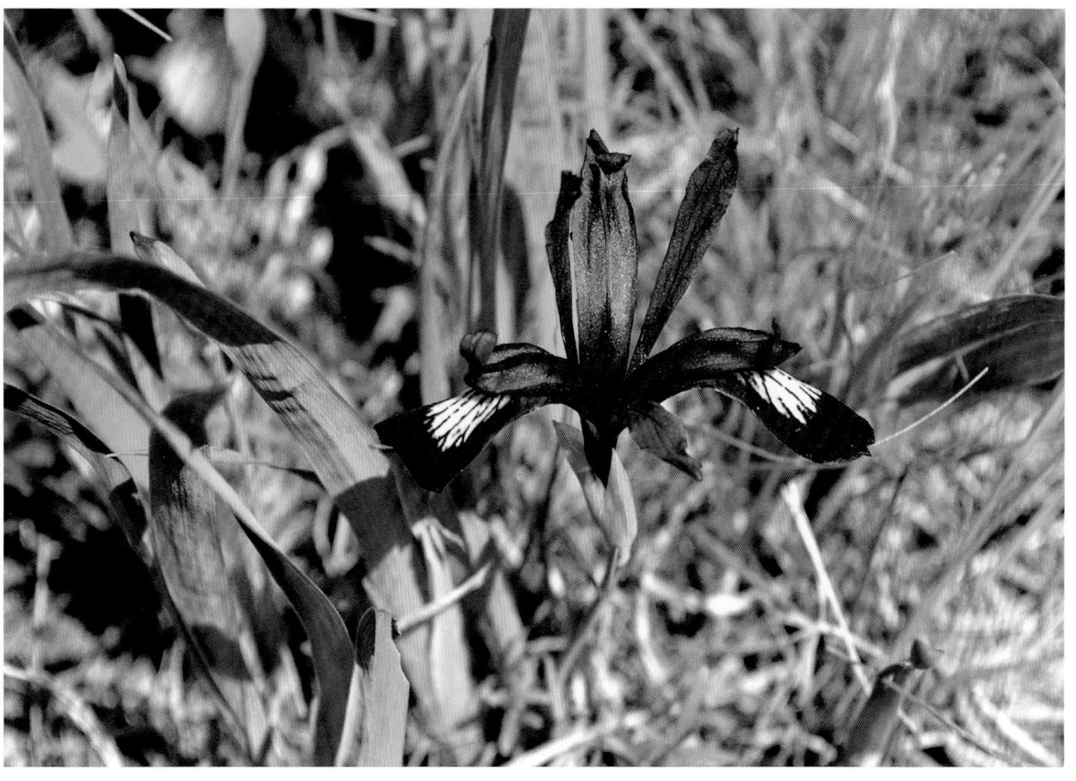

单花鸢尾 *Iris uniflora* Pall. ex Link

斑花杓兰 *Cypripedium guttatum* Sw.

手掌参 *Gymnadenia conopsea*（L.）R. Br.

绶草 *Spiranthes sinensis* (Pers.) Ames.

沼兰 *Malaxis monophyllos*（L.）Sw.

中文索引

A
阿尔泰狗娃花 / 253
矮韭 / 374
矮山黧豆 / 158
艾 / 276
凹头苋 / 45

B
巴天酸模 / 23
白草 / 351
白车轴草 / 139
白花草木樨 / 138
白花黄芪 / 147
白花蒲公英 / 309
白花枝子花 / 215
白桦 / 13
白莲蒿 / 273
白婆婆纳 / 227
白屈菜 / 86
白鲜 / 165
百里香 / 220
百蕊草 / 17
败酱 / 241
斑花杓兰 / 383
斑叶堇菜 / 175
瓣蕊唐松草 / 67
薄叶棘豆 / 150
薄叶燥原荠 / 94
抱茎苦荬菜 / 317
北侧金盏花 / 76
北点地梅 / 194
北方拉拉藤 / 238
北方马兰 / 252
北方庭荠 / 93
北方獐牙菜 / 200
北美苋 / 46
北水苦荬 / 229
北芸香 / 164
贝加尔针茅 / 346
鼻花 / 225
笔管草 / 306
萹蓄 / 24
蝙蝠葛 / 85
扁秆藨草 / 354
扁蕾 / 200
扁囊苔草 / 362
扁蓿豆 / 134
滨藜 / 34
冰草 / 334
并头黄芩 / 213
波叶大黄 / 19
播娘蒿 / 98
薄荷 / 221

C
苍耳 / 261
糙叶败酱 / 242
糙叶黄芪 / 149
糙隐子草 / 349
草本威灵仙 / 226
草地风毛菊 / 291
草地早熟禾 / 329
草甸碎米荠 / 97
草麻黄 / 8
草木樨 / 137
草木樨状黄芪 / 144

草问荆 / 3
草乌头 / 84
草原黄芪 / 145
草原老鹳草 / 160
草原沙参 / 251
草原丝石竹 / 57
草原勿忘草 / 211
草泽泻 / 323
叉分蓼 / 28
叉歧繁缕 / 49
差不嘎蒿 / 279
菖蒲 / 363
长白沙参 / 246
长刺酸模 / 24
长茎飞蓬 / 257
长芒稗 / 351
长毛银莲花 / 71
长蕊地榆 / 117
长叶百蕊草 / 17
长叶繁缕 / 50
长柱金丝桃 / 172
长柱沙参 / 249
车前 / 238
齿瓣延胡索 / 88
齿叶蓍 / 264
稠李 / 132
穿叶眼子菜 / 321
串铃草 / 217
垂梗繁缕 / 48
垂穗披碱草 / 331
刺儿菜 / 297
刺藜 / 41
刺沙蓬 / 31
粗根老鹳草 / 162
粗根鸢尾 / 380
翠南报春 / 192
翠雀 / 83
寸草苔 / 359

D

达乌里风毛菊 / 292
达乌里胡枝子 / 154
达乌里黄芪 / 146
达乌里龙胆 / 199
达乌里芯芭 / 234
达乌里羊茅 / 328
打碗花 / 204
大苞点地梅 / 194
大刺儿菜 / 298
大丁草 / 304
大拂子茅 / 340
大果琉璃草 / 209
大果榆 / 13
大花棘豆 / 149
大花剪秋罗 / 55
大花老鹳草 / 160
大花银莲花 / 70
大婆婆纳 / 228
大菟丝子 / 207
大叶蔷薇 / 115
大叶野豌豆 / 156
大叶章 / 343
大针茅 / 345
大籽蒿 / 270
单花鸢尾 / 383
单穗藨草 / 354
单穗升麻 / 64
地肤 / 32
地锦 / 167
地蔷薇 / 130
地梢瓜 / 202
地笋 / 220
地榆 / 117
东北点地梅 / 193
东北高翠雀花 / 82
东北蛔蒿 / 283
东北牡蒿 / 281
东北蒲公英 / 309
东方藨草 / 355
东方草莓 / 121
东方婆罗门参 / 305
东亚市藜 / 43
毒芹 / 182
独行菜 / 91
笃斯越橘 / 191
短瓣金莲花 / 65
短柄野芝麻 / 218
短芒大麦草 / 335

短毛独活 / 188
短穗看麦娘 / 339
短尾铁线莲 / 81
短星菊 / 256
钝背草 / 211
钝叶瓦松 / 101
多茎野豌豆 / 157
多裂翅果菊 / 314
多裂委陵菜 / 127
多裂叶荆芥 / 214
多年生花旗竿 / 95
多头麻花头 / 302
多叶阿尔泰狗娃花 / 253
多叶棘豆 / 150
多枝柳穿鱼 / 224
多枝柳叶菜 / 178

E
鹅绒藤 / 203
鹅绒委陵菜 / 123
额河千里光 / 287
遏蓝菜 / 90
二裂委陵菜 / 123
二歧银莲花 / 71
二色补血草 / 197
二柱繁缕 / 48

F
反枝苋 / 45
返顾马先蒿 / 232
防风 / 188
飞廉 / 295
费菜 / 103
粉报春 / 193
粉绿垂果南芥 / 101
风花菜 / 89
凤仙花 / 169
伏毛山莓草 / 130
拂子茅 / 341
浮叶慈姑 / 324

G
甘草 / 142
高二裂委陵菜 / 124
高山漆姑草 / 54
高山蓍 / 265
高山紫菀 / 254
狗筋麦瓶草 / 56
狗舌草 / 286
狗尾草 / 352
菰 / 326
光苞蒲公英 / 311
光萼青兰 / 214
光稃茅香 / 338
光沙蒿 / 279
光叶山楂 / 113
广布野豌豆 / 155

H
海韭菜 / 322
海拉尔棘豆 / 151
海拉尔绣线菊 / 109
海乳草 / 195
旱麦瓶草 / 57
鹤虱 / 209
黑果栒子 / 112
黑蒿 / 275
黑三棱 / 321
红柴胡 / 181
红车轴草 / 140
红梗蒲公英 / 312
红花鹿蹄草 / 190
红茎委陵菜 / 129
红轮狗舌草 / 285
红瑞木 / 189
红纹马先蒿 / 232
狐尾藻 / 179
槲寄生 / 18
虎尾草 / 350
互叶金腰 / 105
花蔺 / 325
花锚 / 201
花楸树 / 113
花穗水莎草 / 357
华北大黄 / 20
华北蓝盆花 / 244
华北岩黄芪 / 153
华黄芪 / 143

画眉草 / 347
槐叶苹 / 6
还阳参 / 316
黄戴戴 / 78
黄花白头翁 / 75
黄花补血草 / 197
黄花葱 / 375
黄花蒿 / 273
黄花列当 / 236
黄花苜蓿 / 137
黄花瓦松 / 102
黄花鸢尾 / 381
黄金蒿 / 282
黄精 / 377
黄莲花 / 196
黄柳 / 11
黄囊苔草 / 363
黄芪 / 143
黄芩 / 212
灰背老鹳草 / 161
灰绿藜 / 41
辉韭 / 370
回回蒜 / 80
火绒草 / 258

J
芨芨草 / 346
鸡眼草 / 155
急折百蕊草 / 18
蒺藜 / 164
家榆 / 14
假尖嘴苔草 / 359
假苇拂子茅 / 341
尖头叶藜 / 42
尖叶胡枝子 / 154
尖叶棘豆 / 152
尖嘴苔草 / 358
碱地风毛菊 / 293
碱地肤 / 33
碱蒿 / 270
碱韭 / 371
碱蓬 / 35
碱菀 / 256
箭头唐松草 / 69
箭叶蓼 / 29
角果碱蓬 / 36
角蒿 / 235
角茴香 / 88
脚苔草 / 361
接骨木 / 240
节节草 / 4
金露梅 / 122
金色狗尾草 / 352
金鱼藻 / 61
锦葵 / 171
荆三棱 / 353
桔梗 / 244
菊蒿 / 268
菊叶委陵菜 / 128
巨序翦股颖 / 343
苣荬菜 / 313
聚花风铃草 / 245
卷柏 / 1
卷耳 / 51
卷茎蓼 / 30
绢茸火绒草 / 258
蕨 / 4

K
卡氏沼生马先蒿 / 231
看麦娘 / 340
克氏针茅 / 344
苦参 / 133
苦荞麦 / 30
块根糙苏 / 216
宽叶打碗花 / 204
宽叶独行菜 / 91
宽叶蒿 / 272
宽叶香蒲 / 320
筐柳 / 9

L
拉不拉多马先蒿 / 231
赖草 / 335
蓝锭果忍冬 / 240
蓝堇草 / 66
狼毒 / 175
狼毒大戟 / 167

狼杷草 / 263
狼尾花 / 195
狼爪瓦松 / 103
老鹳草 / 159
冷蒿 / 271
狸藻 / 236
离穗苔草 / 362
藜 / 44
藜芦 / 366
砾苔草 / 360
莲座蓟 / 296
两栖蓼 / 25
辽宁山楂 / 112
疗齿草 / 230
列当 / 235
裂叶堇菜 / 174
林问荆 / 2
林阴千里光 / 288
林泽兰 / 251
鳞叶龙胆 / 198
铃兰 / 375
菱叶藜 / 44
瘤毛獐牙菜 / 201
柳穿鱼 / 224
柳兰 / 177
柳叶风毛菊 / 293
柳叶鬼针草 / 262
柳叶蒿 / 277
柳叶芹 / 185
柳叶绣线菊 / 110
龙蒿 / 278
龙葵 / 223
龙牙草 / 116
耧斗菜 / 65
耧斗叶绣线菊 / 108
漏芦 / 302
芦苇 / 326
鹿蹄草 / 189
卵果黄芪 / 148
卵穗荸荠 / 356
轮叶狐尾藻 / 180
轮叶马先蒿 / 234
轮叶沙参 / 248
轮叶委陵菜 / 126
萝藦 / 203
驴欺口 / 289
驴蹄草 / 62
葎草 / 14

M
麻花头 / 299
麻叶千里光 / 287
麻叶荨麻 / 15
马齿苋 / 46
马蔺 / 381
芒麦草 / 336
牻牛儿苗 / 159
猫儿菊 / 304
毛百合 / 370
毛柄水毛茛 / 76
毛地蔷薇 / 131
毛茛 / 80
毛梗鸦葱 / 307
毛梗蚤缀 / 47
毛节缬草 / 242
毛连菜 / 308
毛脉酸模 / 22
毛水苏 / 219
莓叶委陵菜 / 125
梅花草 / 105
美花风毛菊 / 291
蒙古白头翁 / 74
蒙古苍耳 / 262
蒙古蒿 / 278
蒙古黄芪 / 146
蒙古韭 / 372
蒙古石竹 / 59
蒙古糖芥 / 99
密花风毛菊 / 294
密毛白莲蒿 / 274
棉毛欧亚旋覆花 / 261
棉毛旋覆花 / 259
棉团铁线莲 / 81
漠蒿 / 283
木地肤 / 32

N
囊花鸢尾 / 380

女娄菜 / 52

O
欧亚唐松草 / 69
欧亚绣线菊 / 109
欧亚旋覆花 / 260

P
泡囊草 / 222
蓬子菜 / 239
披碱草 / 332
披针叶黄华 / 133
平车前 / 237
萍蓬草 / 60
铺地委陵菜 / 126
匍枝委陵菜 / 122
蒲公英 / 310

Q
奇异堇菜 / 173
歧序翦股颖 / 344
菭草 / 338
千屈菜 / 177
茜草 / 239
秦艽 / 199
青兰 / 215
丘沙参 / 250
球穗扁莎 / 358
瞿麦 / 58
全叶马兰 / 252
全缘山柳菊 / 318
全缘栒子 / 111
全缘叶花旗竿 / 96
拳参 / 29

R
茸毛委陵菜 / 129
绒背蓟 / 296
柔毛蒿 / 280
乳浆大戟 / 166

S
三出委陵菜 / 125
三角叶驴蹄草 / 62
三肋菘蓝 / 89
三裂地蔷薇 / 131
三蕊柳 / 11
散穗早熟禾 / 329
沙蓬 / 37
砂韭 / 372
砂蓝刺头 / 288
砂珍棘豆 / 151
莎菀 / 255
山刺玫 / 115
山丹 / 369
山遏蓝菜 / 90
山尖子 / 284
山荆子 / 114
山韭 / 373
山苦荬 / 317
山柳菊 / 319
山牛蒡 / 303
山莴苣 / 312
山岩黄芪 / 153
山杨 / 8
山竹岩黄芪 / 152
杉叶藻 / 180
芍药 / 85
少花顶冰花 / 368
少花米口袋 / 141
蛇床 / 185
射干鸢尾 / 379
绳虫实 / 38
湿地勿忘草 / 210
湿生鼠麹草 / 259
蓍 / 264
石防风 / 187
石龙芮 / 79
石生悬钩子 / 121
石竹 / 58
莳萝蒿 / 271
手掌参 / 384
绶草 / 385
鼠李 / 170
鼠掌老鹳草 / 162
水葱 / 355
水葫芦苗 / 78
水棘针 / 212

水金凤 / 169
水蓼 / 26
水麦冬 / 322
水毛茛 / 77
水葡萄茶藨 / 106
水田碎米荠 / 96
水甜茅 / 327
水问荆 / 3
水杨梅 / 120
睡莲 / 60
丝叶蓍 / 265
丝叶鸦葱 / 307
宿根亚麻 / 163
酸模 / 21
酸模叶蓼 / 26
穗花马先蒿 / 233

T
桃叶蓼 / 25
桃叶鸦葱 / 308
蹄叶橐吾 / 290
天蓝苜蓿 / 135
天仙子 / 223
田旋花 / 205
葶苈 / 92
同花母菊 / 268
兔儿尾苗 / 229
菟丝子 / 207

W
瓦松 / 102
歪头菜 / 157
菵草 / 342
伪泥胡菜 / 300
苇状看麦娘 / 339
蚊子草 / 119
问荆 / 1
乌苏里鼠李 / 170
乌腺金丝桃 / 173
屋根草 / 315
无芒稗 / 350
无芒雀麦 / 331
无毛画眉草 / 348
无毛山尖子 / 284
五刺金鱼藻 / 61
五蕊柳 / 10
舞鹤草 / 376
勿忘草 / 210
雾冰藜 / 40

X
西伯利亚滨藜 / 34
西伯利亚蓼 / 27
西伯利亚庭荠 / 93
西伯利亚杏 / 132
溪荪 / 382
细齿草木樨 / 138
细灯心草 / 365
细裂白头翁 / 73
细弱黄芪 / 147
细穗香薷 / 221
细形苔草 / 361
细叶白头翁 / 72
细叶扁蓿豆 / 135
细叶黄鹌菜 / 316
细叶黄芪 / 145
细叶黄乌头 / 83
细叶韭 / 374
细叶菊 / 267
细叶蓼 / 27
细叶毛萼麦瓶草 / 55
细叶婆婆纳 / 227
细叶蚊子草 / 118
细叶益母草 / 218
细叶鸢尾 / 378
细叶沼柳 / 12
狭叶尖头叶藜 / 42
狭叶剪秋罗 / 54
狭叶锦鸡儿 / 140
狭叶米口袋 / 142
狭叶沙参 / 247
狭叶山野豌豆 / 156
狭叶酸模 / 23
狭叶荨麻 / 16
夏至草 / 213
线叶菊 / 269
腺毛委陵菜 / 127
香薷 / 222

香唐松草 / 67
小白花地榆 / 118
小滨菊 / 266
小果亚麻荠 / 92
小红柳 / 9
小花鬼针草 / 263
小花花旗竿 / 95
小花糖芥 / 99
小画眉草 / 348
小黄花菜 / 365
小粒苔草 / 360
小米草 / 230
小蓬草 / 257
小水毛茛 / 77
小酸模 / 20
小香蒲 / 320
小药大麦草 / 336
小叶茶藨 / 108
小叶锦鸡儿 / 141
小玉竹 / 376
小掌叶毛茛 / 79
楔叶茶藨 / 107
楔叶菊 / 266
斜茎黄芪 / 148
星毛委陵菜 / 124
星星草 / 330
兴安白头翁 / 75
兴安白芷 / 186
兴安茶藨 / 106
兴安虫实 / 37
兴安杜鹃 / 190
兴安繁缕 / 50
兴安老鹳草 / 161
兴安藜芦 / 367
兴安柳 / 10
兴安落叶松 / 7
兴安女娄菜 / 53
兴安蒲公英 / 310
兴安乳菀 / 254
兴安蛇床 / 184
兴安升麻 / 63
兴安石竹 / 59
兴安天门冬 / 378
荇菜 / 198
徐长卿 / 202

Y
鸭跖草 / 364
亚洲百里香 / 219
烟管蓟 / 299
岩败酱 / 241
岩蕨 / 6
沿沟草 / 327
盐地碱蓬 / 36
盐生车前 / 237
盐爪爪 / 33
偃麦草 / 333
羊草 / 334
羊洪膻 / 183
羊胡子草 / 356
羊茅 / 328
野艾蒿 / 276
野滨藜 / 35
野慈姑 / 324
野大豆 / 158
野大麻（变型） / 15
野火球 / 139
野韭 / 371
野葵 / 172
野莴苣 / 315
野西瓜苗 / 171
野亚麻 / 163
野燕麦 / 337
野罂粟 / 87
叶苞繁缕 / 51
夜来香 / 179
异苞蒲公英 / 311
翼果唐松草 / 66
翼茎风毛菊 / 292
银柴胡 / 49
银粉背蕨 / 5
银灰旋花 / 205
硬毛南芥 / 100
硬质早熟禾 / 330
有斑百合 / 368
鼬瓣花 / 217
羽节蕨 / 5
羽茅 / 347

羽叶风毛菊 / 294
玉竹 / 377
圆叶牵牛 / 206
圆柱披碱草 / 332
远志 / 166
越橘 / 191

Z
杂配藜 / 43
杂配轴藜 / 39
燥原荠 / 94
泽芹 / 184
泽泻 / 323
窄叶蓝盆花 / 243
展枝唐松草 / 68
樟子松 / 7
掌叶白头翁 / 74
胀果芹 / 187
沼兰 / 386
沼柳 / 12
沼生柳叶菜 / 178
沼生水马齿 / 168
珍珠梅 / 111
栉叶蒿 / 285
中国沙棘 / 176
中华花荵 / 208
中华苦荬菜 / 318
中华隐子草 / 349
中间型荸荠 / 357
钟苞麻花头 / 301
种阜草 / 47
轴藜 / 39
皱叶沙参 / 248
皱叶酸模 / 21
猪毛菜 / 31
猪毛蒿 / 281
锥腺大戟 / 168
锥叶柴胡 / 182
紫八宝 / 104
紫斑风铃草 / 245
紫花地丁 / 174
紫花冷蒿 / 272
紫花苜蓿 / 136
紫萍 / 364
紫沙参 / 247
紫穗鹅观草 / 333
紫穗狗尾草 / 353
紫菀 / 255

拉丁文索引

A

Achillea acuminata (Ledeb) Sch. -Bip. / 264

Achillea alpina L. / 265

Achillea millefolium L. / 264

Achillea setacea Waldst / 265

Achnatherum sibiricum (L.) Keng / 347

Achnatherum splendens (Trin.) Nevski / 346

Achyrophorus ciliatus (Thunb.) Sch. -Bip. / 304

Aconitum barbatum Pers. / 83

Aconitum kusnezoffii Reichb. / 84

Acorus calamus L. / 363

Adenophora gmelinii (Spreng.) Fisch. / 247

Adenophora paniculata Nannf. / 247

Adenophora pereskiifolia (Fisch. ex Roem. et Schult.) G. Don / 246

Adenophora pratensis Y. Z. Zhao / 251

Adenophora stenanthina (Ledeb.) Kitag. / 249

Adenophora stenanthina (Ledeb.) Kitag. var. *collina* (Kitag.) Y. Z. Zhao / 250

Adenophora stenanthina (Ledeb.) Kitag. var. *crispata* (Korsh.) Y. Z. Zhao / 248

Adenophora tetraphylla (Thunb.) Fisch. / 248

Adonis sibiricus Patr. ex Ledeb. / 76

Agrimonia pilosa Ledeb. / 116

Agriophyllum pungens (Vahl) Link ex A.Dietr. / 37

Agropyron cristatum (L.) Gaertn. / 334

Agrostis divaricatissima Mez / 344

Agrostis gigantea Roth / 343

Aleuritopteris argentea (Gmél.) Fée / 5

Alisma gramineum Lejeune / 323

Alisma orientale (Sam.) Juz. / 323

Allium anisopodium Ledeb. / 374

Allium bidentatum Fisch. ex Prokh. / 372

Allium condensatum Turcz. / 375

Allium mongolicum Regel / 372

Allium polyrhizum Turcz. ex Regel / 371

Allium ramosum L. / 371

Allium senescens L. / 373

Allium strictum Schard. / 370

Allium tenuissimum L. / 374

Alopecurus aequalis Sobol. / 340

Alopecurus arundinaceus Poir. / 339

Alopecurus brachystachyus Bieb. / 339

Alyssum lenense Adams / 93

Alyssum sibiricum Willd. / 93

Amaranthus blitoides S. Watson / 46

Amaranthus lividus L. / 45

Amaranthus retroflexus L. / 45

Amblynotus obovatus (Ledeb.) Johnst. / 211

Amethystea coerulea L. / 212

Androsace filiformis Retz. / 193

Androsace maxima L. / 194

Androsace septentrionalis L. / 194

Anemone crinita Juz. / 71

Anemone dichotoma L. / 71

Anemone silvestris L. / 70

Angelica dahurica (Fisch.) Benth. et Hook. / 186

Anthoxanthum glabra Trin. / 338

Aquilegia viridiflora Pall. / 65

Arabis hirsuta (L.) Scop. / 100

Arabis pendula L. var. *hypoglauca* Franch. / 101

Arctogeron gramineum (L.) DC. / 255

Arenaria capillaris Poir. / 47
Artemisia anethifolia Web. ex Stechm. / 270
Artemisia anethoides Mattf. / 271
Artemisia annua L. / 273
Artemisia argyi Levl. et Van. / 276
Artemisia aurata Kom. / 282
Artemisia desertorum Spreng. / 283
Artemisia dracunculus L. / 278
Artemisia frigida Willd. / 271
Artemisia frigida Willd. var. *atropurpurea* Pamp. / 272
Artemisia halodendron Turcz. / 279
Artemisia integrifolia L. / 277
Artemisia latifolia Ledeb. / 272
Artemisia lavandulaefolia DC. / 276
Artemisia manshurica （Kom.）Kom. / 281
Artemisia mongolica Nakai / 278
Artemisia oxycephala Kitag. / 279
Artemisia palustris L. / 275
Artemisia pubescens Ledeb. / 280
Artemisia sacrorum Ledeb. / 273
Artemisia sacrorum Ledeb. var. *messerchmidtiana* （Bess.）Y. R. Ling / 274
Artemisia scoparia Waldst. et Kit. / 281
Artemisia sieversiana Ehrhart ex Willd. / 270
Asparagus dauricus Fish ex Link / 378
Aster alpinus L. / 254
Aster tataricus L. f. / 255
Astragalus adsurgens Pall. / 148
Astragalus chinensis L. f. / 143
Astragalus dahuricus （Pall.）DC. / 146
Astragalus dalaiensis Kitag. / 145
Astragalus galactites Pall. / 147
Astragalus grubovii Sancz. / 148
Astragalus melilotoides Pall. / 144
Astragalus melilotoides Pall. var. *tenuis* Ledeb. / 145
Astragalus membranaceus Bunge / 143
Astragalus memdranaceus Bunge var. *mongholicus* （Bunge）Hsiao / 146
Astragalus miniatus Bunge / 147
Astragalus scaberrimus Bunge / 149
Atriplex fera （L.）Bunge / 35
Atriplex patens （Litv.）Iljin / 34
Atriplex sibirica L. / 34
Avena fatua L. / 337
Axyris amaranthoides L. / 39
Axyris hybrida L. / 39

B

Bassia dasyphylla （Fisch. et Mey.）O. Kuntze / 40
Batrachium bungei （Steud.）L. Liou / 77
Batrachium eradicatum （Laest.）Fries / 77
Batrachium trichophyllum （Chaix）Bossche / 76
Beckmannia syzigachne （Steud.）Fernald / 342
Betula platyphylla Suk. / 13
Bidens cernua L. / 262
Bidens parviflora Willd. / 263
Bidens tripartita L. / 263
Brachyactis ciliata Ledeb. / 256
Bromus inermis Leyss. / 331
Bupleurum bicaule Helm / 182
Bupleurum scorzonerifolium Willd. / 181
Butomus umbellatus L. / 325

C

Cacalia hastam L. var. *glabra* Ledeb. / 284
Cacalia hastata L. / 284
Calamagrostis epigejos （L.）Roth / 341
Calamagrostis macrolepis Litv. / 340
Calamagrostis pseudophragmites （Hall. f.）Koeler. / 341
Callitriche palustris L. / 168
Caltha palustris L. / 62
Caltha palustris L. var. *sibirica* Regel / 62
Calystegia hederacea Wall. ex Roxb. / 204
Calystegia sepium （L.）R. Br. / 204
Camelina microcarpa Andrz. / 92
Campanula glomerata L. subsp. *cephalotes* （Nakai）Hong / 245
Campanula puntata Lamk. / 245
Cannabis sativa L. f. *ruderalis* （Janisch.）Chu / 15
Caragana microphylla Lam. / 141
Caragana stenophylla Pojark. / 140
Cardamine lyrata Bunge / 96
Cardamine pratensis L. / 97
Carduus crispus L. / 295
Carex coriophora Fisch. et Mey. ex Kunth / 362
Carex duriuscula C. A. Mey / 359
Carex eremopyroides V. Krecz. / 362
Carex karoi Freyn / 360
Carex korshinskyi Kom. / 363

Carex laevissima Nakai / 359
Carex leiorhyncha C. A. Mey. / 358
Carex pediformis C. A. Mey. / 361
Carex stenophylloides V. Krecz. / 360
Carex tenuiformis Levl. et Vant. / 361
Catabrosa aquatica（L.）Beauv. / 327
Cerastium arvense L. / 51
Ceratophyllum demersum L. / 61
Ceratophyllum oryzetorum Kom. / 61
Chamaerhodos canescens J. Krause / 131
Chamaerhodos erecta（L.）Bunge / 130
Chamaerhodos trifida Ledeb. / 131
Chelidonium majus L. / 86
Chenopodium acuminatum Willd. / 42
Chenopodium acuminatum Willd. subsp. *virgatum*（Thunb.）Kitam. / 42
Chenopodium album L. / 44
Chenopodium aristatum L. / 41
Chenopodium bryoniaefolium Bunge / 44
Chenopodium glaucum L. / 41
Chenopodium hybridum L. / 43
Chenopodium urbicum L. subsp. *sinicum* Kung et G.L. Chu / 43
Chloris virgata Swartz / 350
Chrysosplenium alternifolium L. / 105
Cicuta virosa L. / 182
Cimicifuga dahurica（Turcz.）Maxim. / 63
Cimicifuga simplex Wormsk. / 64
Cirsiu segetum Bunge / 297
Cirsium esculentum（Sievers）C. A. Mey. / 296
Cirsium pendulum Fisch. ex DC. / 299
Cirsium setosum（Willd.）MB. / 298
Cirsium vlassovianum Fisch. / 296
Cleistogenes chinensis（Maxim.）Keng / 349
Cleistogenes squarrosa（Trin.）Keng / 349
Clematis brevicaudata DC. / 81
Clematis hexapetala Pall. / 81
Cnidium dahuricum（Jacq.）Turcz. ex Mey. / 184
Cnidium monnieri（L.）Cuss. / 185
Commelina communis L. / 364
Convallaria majalis L. / 375
Convolvulus ammannii Desr. / 205
Convolvulus arvensis L. / 205
Conyza canadensis（L.）Crongq. / 257
Corispermum chinganicum Iljin / 37
Corispermum declinatum Steph. ex Stev. / 38
Corydalis turtschaninovii Bess. / 88
Cotoneaster integerrimus Medic. / 111
Cotoneaster melanocarpus Lodd. / 112
Crataegus dahurica Koehne ex Schneid. / 113
Crataegus sanguinea Pall. / 112
Crepis crocea（Lam.）Babc. / 316
Crepis tectorum L. / 315
Cuscuta chinensis Lam. / 207
Cuscuta europaea L. / 207
Cymbaria dahurica L. / 234
Cynanchum chinense R. Br. / 203
Cynanchum paniculatum（Bunge）Kitag. / 202
Cynanchum thesioides（Freyn）K. Schum. / 202
Cynoglossum divaricatum Steph. / 209
Cypripedium guttatum Sw. / 383
Czernaevia laevigata Turcz. / 185

D

Delphinium grandiflorum L. / 83
Delphinium korshinskyanum Nevski / 82
Dendranthema maximowiczii（Kom.）Tzvel. / 267
Dendranthema naktongense（Nakai）Tzvel. / 266
Descurainia sophia（L.）Webb. ex Prantl / 98
Deyeuxia langsdorffii（Link）Kunth / 343
Dianthus chinensis L. / 58
Dianthus chinensis L. var. *subulifolius*（Kitag.）Ma / 59
Dianthus chinensis L. var. *veraicolor*（Fisch. ex Link）Ma / 59
Dianthus superbus L. / 58
Dictamnus albus L. subsp. *dasycarpus*（Turcz.）Wint. / 165
Dontostemon integrifolifolius（L.）Ledeb. / 96
Dontostemon micranthus C. A. Mey. / 95
Dontostemon perennis C. A. Mey. / 95
Draba nemorosa L. / 92
Dracocephalum argunense Fisch. ex Link / 214
Dracocephalum heterophyllum Benth. / 215
Dracocephalum ruyschiana L. / 215

E

Echinochloa canudata Roshev. / 351
Echinochloa crusgalli（L.）Beauv. var. *mitis*

（Pursh）Peterm / 350
Echinops gmelinii Turcz. / 288
Echinops latifolius Tausch. / 289
Eleocharis intersita Zinserl. / 357
Eleocharis ovata（Roth）Roem. et Schult. / 356
Elsholtzia ciliata（Thunb.）Hyland. / 222
Elsholtzia densa Benth. var. *ianthina*（Maxim. et Kanitz）C. Y. Wu et S.C. Huang / 221
Elymus cylindricus（Franch.）Honda / 332
Elymus dahuricus Turcz. / 332
Elymus nutans Griseb. / 331
Elytrigia repens（L.）Desv. ex Nevski / 333
Ephedra sinica Stapf / 8
Epilobium angustifolium L. / 177
Epilobium fastigiato-ramosum Nakai / 178
Epilobium palustre L. / 178
Equisetum arvense L. / 1
Equisetum fluviatile L. / 3
Equisetum pratense Ehrh. / 3
Equisetum ramosissimum Desf. / 4
Equisetum sylvaticum L. / 2
Eragrostia pilosa（L.）Beauv. / 347
Eragrostis minor Host / 348
Eragrostis pilosa（L.）Beauv. var. *imberbis* Franch. / 348
Erigeron elongatus Ledeb. / 257
Eriophorum vaginatum L. / 356
Erodium stephanianum Willd. / 159
Erysimum cheiranthoides L. / 99
Erysimum flavum（Georgi）Bobrov / 99
Eupatorium lindleyanum DC. / 251
Euphorbia esula L. / 166
Euphorbia fischeriana Steud. / 167
Euphorbia humifusa Willd. / 167
Euphorbia savaryi Kiss. / 168
Euphrasia pectinata Ten. / 230

F

Fagopyrum tataricum（L.）Gaertn. / 30
Festuca dahurica（St. -Yves）V. Krecz. et Bobr. / 328
Festuca ovina L. / 328
Filifolium sibiricum（L.）Kitam. / 269
Filipendula angustiloba（Turcz.）Maxim. / 118
Filipendula palmata（Pall.）Maxim. / 119
Fragaria orientalis Losinsk. / 121

G

Gagea pauciflora Turcz. / 368
Galatella dahurica DC. / 254
Galeopsis bifida Boenn. / 217
Galium boreale L. / 238
Galium verum L. / 239
Gentiana dahurica Fisch. / 199
Gentiana macrophylla Pall. / 199
Gentiana squarrosa Ledeb. / 198
Gentianopsis barbata（Froel.）Ma / 200
Geranium dahuricum DC. / 162
Geranium maximowiczii Regel et Maack / 161
Geranium pratense L. / 160
Geranium sibiricum L. / 162
Geranium transbaicalicum Serg. / 160
Geranium wilfordii Maxim. / 159
Geranium wlassowianum Fisch. ex Link / 161
Geum aleppicum Jacq. / 120
Glaux maritima L. / 195
Glyceria triflora（Korsh.）Kom. / 327
Glycine soja Sieb. et Zucc. / 158
Glycyrrhiza uralensis Fsich. / 142
Gnaphalium tranzschelii Kirp. / 259
Gueldenstaedtia stenophylla Bunge / 142
Gueldenstaedtia verna（Georgi）Boriss. / 141
Gymnadenia conopsea（L.）R. Br. / 384
Gymnocarpium disjunctum（Rupr.）Ching / 5
Gypsophila davurica Turcz. ex Fenzl / 57

H

Halenia corniculata（L.）Cornaz / 201
Halerpestes ruthenica（Jacq.）Ovcz. / 78
Halerpestes sarmentosa（Adams）Kom. / 78
Haplophyllum dauricum（L.）Juss. / 164
Hedysarum alpinum L. / 153
Hedysarum fruticosum Pall. / 152
Hedysarum gmelinii Ledeb. / 153
Hemerocallis minor Mill. / 365
Heracleum lanatum Mickx. / 188
Heteropappus altaicus（Willd.）Novopok var. *millefolius*（Vant.）Wang / 253
Heteropappus altaicus（Willd.）Novopokr. / 253

Hibiscus trionum L. / 171
Hieracium hololeion Maxim. / 318
Hieracium umbellatum L. / 319
Hippophae rhamnoides L. subsp. *sinensis* Rousi / 176
Hippuris vulgaris L. / 180
Hordeum brevisubulatum (Trin.) Link / 335
Hordeum jubatum Linn. / 336
Hordeum roshevitzii Bowd. / 336
Humulus scandens (Lour.) Merr. / 14
Hylotelephium purpureum (L.) Holub / 104
Hyoscyamus niger L. / 223
Hypecoum erectum L. / 88
Hypericum ascyron L. / 172
Hypericum attenuatum Choisy / 173

I

Impatiens noli-tangere L. / 169
Incarvillea sinensis Lam. / 235
Inual britannica L. var. *sublanata* Kom. / 259
Inula britanica L. / 260
Inula britanica L. var. *sublanata* Kom. / 261
Iris dichotoma Pall. / 379
Iris flavssima Pall. / 381
Iris lactea Pall. var. *chinensis* (Fisch.) Koidz. / 381
Iris sanguinea Donn ex Hornem / 382
Iris tenuifolia Pall. / 378
Iris tigridia Bunge / 380
Iris uniflora Pall. ex Link / 383
Iris ventricosa Pall. / 380
Isatis costata C. A. Mey. / 89
Ixeris chinensis (Thunb.) Kitag. subsp. *chinensis / 318*
Ixeris chinensis (Thunb.) Nakai / 317
Ixeris sonchifolia (Bunge) Hance / 317

J

Juncellus pannonicus (Jacq.) C. B. clarke / 357
Juncus gracillimus (Buch.) Krecz. et Gontsch. / 365

K

Kalidium foliatum (Pall.) Moq. / 33
Kalimeris integrifolia Turcz. ex DC. / 252
Kalimeris mongolica (Franch.) Kitam. / 252
Kochia prostrata (L.) Schrad. / 32
Kochia scoparia (L.) Schrad. / 32
Kochia scoparia (L.) Schrad.var. *sieversiana* (Pall.) Ulbr. ex Aschers. et Graebn. / 33
Koeleria cristata (L.) Pers. / 338
Kummerowia striata (Thunb.) Schindl. / 155

L

Lactuca seriola Torner / 315
Lagedium sibiricum (L.) Sojak / 312
Lagopsis supina (Steph.) lk. -Gal. ex Knorr. / 213
Lamium album L. / 218
Lappula myosotis V. Wolf. / 209
Larix gmelinii (Rupr.) Rupr. / 7
Lathyus humilis (Ser. ex DC.) Spreng. / 158
Leibnitzia anandria (L.) Turcz. / 304
Leontopodium leontopodioides (Willd.) Beauv. / 258
Leontopodium smithianum Hand. -Mazz. / 258
Leonurus sibiricus L. / 218
Lepidium apetalum Willd. / 91
Lepidium latifolium L. / 91
Leptopyrum fumarioides (L.) Reichb. / 66
Lespedeza davurica (Laxm.) Schindl. / 154
Lespedeza hedysaroides (Pall.) Kitag. / 154
Leucanthemella linearis (Matsum.) Tzvel. / 266
Leymus chinensis (Trin.) Tzvel. / 334
Leymus secalinus (Georgi) Tzvel. / 335
Leymus sphondylodes Trin. ex Bunge / 330
Ligularia fischeri (Ledeb.) Turcz. / 290
Lilium concolor Salisb. var. *pulchellum* (Fisch.) Regel / 368
Lilium dauricum Ker. -Gawl. / 370
Lilium pumilum DC. / 369
Limonium aureum (L.) Hill / 197
Limonium bicolor (Bunge) O. Kuntze / 197
Linaria buriatica Turcz. ex Benth. / 224
Linaria vulgaris Mill. subsp. *sinensis* (Beaux) Hong / 224
Linum perenne L. / 163
Linum stelleroides Planch. / 163
Lmpatiens balsamina L. / 169
Lonicera caerulea L. var. *edulis* Turcz. ex Herd. / 240
Lychnis fulgens Fisch. / 55
Lychnis sibirica L. / 54
Lycopus lucidus Turcz. ex Benth. / 220
Lysimachia barystachys Bunge / 195

Lysimachia davurica Ledeb. / 196
Lythrum salicaria L. / 177

M
Maianthemum bifolium (L.) F. W. Schmidt / 376
Malaxis monophyllos (L.) Sw. / 386
Malus baccata (L.) Borkh. / 114
Malva sinensis Cavan. / 171
Malva verticillata L. / 172
Matricaria matricarioides (Less.) Porter ex Britton / 268
Medicago falcata L. / 137
Medicago lupulina L. / 135
Medicago sativa L. / 136
Melandrium apricum (Turcz. ex Fisch. et Mey.) Rohrb. / 52
Melandrium brachypetalum (Horn.) Fenzl / 53
Melilotoides ruthenica (L.) Sojak / 134
Melilotoides ruthenica (L.) Sojak var. *oblongifolia* (Fr.) H. C. Fu et Y. Q. Jiang / 135
Melilotus albus Desr. / 138
Melilotus dentatus (Wald. et Kit.) Pers. / 138
Melilotus suaveolens Ledeb. / 137
Menispermum dahuricum DC. / 85
Mentha haplocalyx Briq. / 221
Metaplexis japonica (Thunb.) Makino / 203
Minuartia laricina (L.) Mattf. / 54
Moehringia lateriflora (L.) Fenzl / 47
Myosotis caespitosa Schultz / 210
Myosotis suaveolens Wald. et Kit. / 211
Myosotis sylvatica Hoffm. / 210
Myriophllum verticillatum L. / 180
Myriophyllum spicatum L. / 179

N
Neopallasia pectinata (Pall.) Poljak. / 285
Nuphar pumilum (Timm) DC. / 60
Nymphaea tetragona Georgi / 60
Nymphoides peltata (S. G. Gmel.) Kuntze / 198

O
Odontites serotina (Lam.) Dum. / 230
Oenothera biennis L. / 179
Orobanche coerulescens Steph. / 235
Orobanche pycnostachya Hance / 236
Orostachys cartilaginea A. Bor. / 103
Orostachys fimbriatus (Turcz.) Berger / 102
Orostachys malacophyllus (Pall.) Fisch. / 101
Orostachys spinosus (L.) C. A. Mey. / 102
Oxytropis gracilima Bunge / 151
Oxytropis grandiflora (Pall.) DC. / 149
Oxytropis hailarensis Kitag. / 151
Oxytropis leptophylla (Pall.) DC. / 150
Oxytropis myriophylla (Pall.) DC. / 150
Oxytropis oxyphylla (Pall.) DC. var. *oxyphylla / 152*

P
Paeonia lactiflora Pale. / 85
Papaver nudicaule L. / 87
Parnassia palustris L. / 105
Patrinia rupestris (Pall.) Juss. / 241
Patrinia rupestris (Pall.) Juss. subsp. *scabra* (Bunge) H. J. Wang / 242
Patrinia scabiosifolia Fisch. ex Trev. / 241
Pedicularis labradorica Wirsing / 231
Pedicularis palustriskaroi L. subsp. *karoi* (Freyn) Tsoong / 231
Pedicularis resupinata L. / 232
Pedicularis spicata Pall. / 233
Pedicularis striata Pall. / 232
Pedicularis verticillata L. / 234
Pennisetum centrasiaticum Tzvel. / 351
Peucedanum terebinthaceum (Fisch.) Fisch. ex Turcz. / 187
Pharbitis purpurea (L.) Voigt. / 206
Phiomis tuberosa L. / 216
Phlojodicarpus sibiricus (Steph. ex Spreng.) K. -Pol. / 187
Phlomis mongolica Turcz. / 217
Phragmites australis (Cav.) Trin. ex Steudel / 326
Physochlaina physaloides (L.) G. Don / 222
Picris davurica Fisch. / 308
Pimpinella thellungiana Wolff / 183
Pinus sylvestris L. var. *mongolica* Litv. / 7
Plantago asiatica L. / 238
Plantago depressa Willd. / 237
Plantago maritima L. var. *salsa* (Pall.) Pilger / 237
Platycodon grandiflorus (Jacq.) A. DC. / 244

Poa pratensis L. / 329
Poa subfastigiata Trin. / 329
Polemonium chinense (Brand) Brand / 208
Polygala tenuifolia Willd. / 166
Polygonatum humile Fisch. ex Maxim. / 376
Polygonatum odoratum (Mill.) Druce / 377
Polygonatum sibiricum Delar. ex Redoute / 377
Polygonum amphibium L. / 25
Polygonum angustifolium Pall. / 27
Polygonum aviculare L. / 24
Polygonum bistorta L. / 29
Polygonum convolvulus L. / 30
Polygonum divaricatum L. / 28
Polygonum hydropiper L. / 26
Polygonum lapathifolium L. / 26
Polygonum persicaria L. / 25
Polygonum sibiricum Laxm. / 27
Polygonum sieboldii Meisn. / 29
Populus davidiana Dode / 8
Portulaca oleracea L. / 46
Potamogeton perfoliatus L. / 321
Potentilla acaulis L. / 124
Potentilla anserina L. / 123
Potentilla betonicaefolia Poir. / 125
Potentilla bifurca L. / 123
Potentilla bifurca L. var. *major* Ledeb. / 124
Potentilla flagellaris Willd. ex Schlecht. / 122
Potentilla fragarioides L. / 125
Potentilla fruticosa L. / 122
Potentilla longifolia Willd. ex Schlecht. / 127
Potentilla multifida L. / 127
Potentilla nudicaulis Willd. ex Schlecht. / 129
Potentilla strigosa Pall. ex Pursh / 129
Potentilla supina L. / 126
Potentilla tanacetifolia Willd. ex Schlecht. / 128
Potentilla verticillaris Steph. ex Willd. / 126
Primula farinosa L. / 193
Primula sieboldii E. Morren / 192
Prunus padus L. / 132
Prunus sibirica L. / 132
Pteridium aquilinum (L.) Kuhn var. *latiusculum* (Desv.) Underw.ex Heller. / 4
Pterocypsela indica Shih L. var. *laciniata* (Houtt.) H. C. Fu / 314
Ptilotrichum canescens C. A. Mey. / 94
Ptilotrichum tenuiflium (Steoh.) C. A. Mey. / 94
Puccinellia tenuiflora (Griseb.) Scribn. et Merr. / 330
Pulsatilla ambigua Turcz. ex Pritz. / 74
Pulsatilla dahurica (Fisch. ex DC.) Spreng. / 75
Pulsatilla patens (L.) Mill. var. *multifida* (Pritz.) S. H. Li et Y. H. Huang / 74
Pulsatilla sukaczewii Juz. / 75
Pulsatilla tenuiloba (Hayek) Juz. / 73
Pulsatilla turczaninovii Kryl. et Serg. / 72
Pycreus globosus (All.) Reichb. / 358
Pyrola incarnata Fisch. ex DC. / 190
Pyrola rotundifolia L. / 189

R

Ranunculus chinensis Bunge. / 80
Ranunculus gmelinii DC. / 79
Ranunculus japonicus Thunb. / 80
Ranunculus sceleratus L. / 79
Rhamnus dahurica Pall. / 170
Rhamnus ussuricnsis J. Vass. / 170
Rheum franzenbachii Munt. / 20
Rheum undulatum L. / 19
Rhinanthus glaber Lam. / 225
Rhododendron dauricum L. / 190
Ribes diacanthum Pall. / 107
Ribes pauciflorum Turcz. ex Pojark. / 106
Ribes procumbens Pall. / 106
Ribes pulchellum Turcz. / 108
Roegneria purpurascens Keng / 333
Rorippa islandica (Oed.) Borbas / 89
Rosa acicularis Lindl. / 115
Rosa davurica Pall. / 115
Rubia cordifolia L. / 239
Rubus saxatilis L. / 121
Rumex acetosa L. / 21
Rumex acetosella L. / 20
Rumex crispus L. / 21
Rumex gmelinii Turcz. / 22
Rumex martimus L. / 24
Rumex patientia L. / 23
Rumex stenophyllus Ledeb. / 23

S

Sagittaria natans Pall. / 324
Sagittaria trifolia L. / 324

Salix gordejevii Y. L. Chang et Skv. / 11
Salix hsinganica Chang et Skv. / 10
Salix linearistipularis （Franch.）Hao / 9
Salix microstachya Turcz. apud Trautv. var. *bordensis* （Nakai ）C. F. Fang / 9
Salix pentandra L. / 10
Salix rosmarinifolia L. / 12
Salix rosmarinifolia L. var. *brachypoda* （Trautv.et Mey.）Y. L. Chou / 12
Salix triandra L. / 11
Salsola collina Pall. / 31
Salsola pestifer A.Nelson. / 31
Salvinia natans （L.）All. / 6
Sambucus williamsii Hance / 240
Sanguisorba officinalis L. / 117
Sanguisorba officinalis L. var. *longifila* （Kitag.）Yu et Li / 117
Sanguisorba tenuifolia Fisch. var. *alba* Trautv. et Mey. / 118
Saposhnikovia divaricata （Turcz.）Schischk. / 188
Saussurea acuminata Turcz. / 294
Saussurea amara （L.）DC. / 291
Saussurea davurica Adam. / 292
Saussurea japonica （Thunb.）DC. var. *alata* （Regel ）Kom. / 292
Saussurea maximowiczii Herd. / 294
Saussurea pulchella （Fisch.）Fisch. / 291
Saussurea runcinata DC. / 293
Saussurea salicifolia （L.）DC. / 293
Scabiosa comosa Fisch. ex Roem. et Schult. / 243
Scabiosa tschiliensis Grunning / 244
Schizonepeta multifida （L.）Briq. / 214
Scirpus orientalis Ohwi / 355
Scirpus planiculmis Fr. Schmidt / 354
Scirpus radicans Schkuhr / 354
Scirpus tabernaemontani Gmel. / 355
Scirpus yagara Ohwi / 353
Scorzonera albicaulis Bunge / 306
Scorzonera curvata （Popl.）Lipsch. / 307
Scorzonera radiata Fisch. / 307
Scorzonera sinensis Lipsch. / 308
Scutellaria baicalensis Georgi / 212
Scutellaria scordifolia Fisch. ex Schrank / 213
Sedum aizoon L. / 103
Selaginella tamariscina （Beauv.）Spring / 1
Senecio argunensis Turcz. / 287
Senecio cannabifolius Less. / 287
Senecio nemorensis L. / 288
Seriphidium finitum （Kitag.）Ling et Y. R. Ling / 283
Serratula centauroides L. / 299
Serratula coronata L. / 300
Serratula marginata Tausch. / 301
Serratula polycephala lljin / 302
Setaria glauca （L.）Beauv. / 352
Setaria viridis （L.）Beauv. / 352
Setaria viridis （L.）Beauv. var. *purpurascens* Maxim. / 353
Sibbaldia adpressa Bunge / 130
Silene jenisseensis Willd. / 57
Silene repens Patr. var. *angustifolia* Turcz. / 55
Silene venosa （Gilib.）Aschers. / 56
Sium suave Walt. / 184
Solanum nigrum L. / 223
Sonchus arvensis L. / 313
Sophora flavescens Soland. / 133
Sorbaria sorbifolia （L.）A. Br. / 111
Sorbus pohuashanensis （Hance）Hedl. / 113
Sparganium stoloniferum （Graebn.）Buch. -Ham. / 321
Spiraea aquilegifolia Pall. / 108
Spiraea hailarensis Liou / 109
Spiraea media Schmidt / 109
Spiraea salicifolia L. / 110
Spiranthes sinensis （Pers.）Ames. / 385
Spirodela polyrhiza （L.）Schleid. / 364
Stachys riederi Cham. ex Benth. / 219
Stellaria bistyla Y. Z. Zhao / 48
Stellaria cherleriae （Fisch. ex Ser.）Williams / 50
Stellaria crassifolia Ehrh. var. *linearis* Fenzl / 51
Stellaria dichotoma L. / 49
Stellaria dichotoma L. var. *lanceolata* Bunge / 49
Stellaria longifolia Muehl. / 50
Stellaria radians L. / 48
Stellera chamaejasme L. / 175
Stemmacantha uniflora （L.）Dittrich / 302
Stipa baicalensis Roshev. / 346
Stipa grandis P. Smirn. / 345
Stipa krylovii Roshev. / 344
Suaeda corniculata （C. A. Mey.）Bunge / 36
Suaeda glauca （Bunge）Bunge / 35

Suaeda salsa（L.）Pall. / 36
Swertia diluta（Turcz.）Benth. / 200
Swertia pseudochinensis Hara / 201
Swida alba Opiz / 189
Synurus deltoides（Ait.）Nakai / 303

T
Tanacetum vulgare L. / 268
Taraxacum erythropodium Kitag. / 312
Taraxacum falcilobum Kitag. / 310
Taraxacum heterolepis Nakai et Koidz. ex Kitag. / 311
Taraxacum lamprolepis Kitag. / 311
Taraxacum mongolicum Hand. -Mazz. / 310
Taraxacum ohwianum Kitam. / 309
Taraxacum pseudo-albidum Kitag. / 309
Tephroseris flammea（Turcz. ex DC.）Holub / 285
Tephroseris kirilowii（Turcz. ex DC.）Holub / 286
Thalictrum aquilegifolium L. var. *sibiricum* Regel et Tiling / 66
Thalictrum foetidum L. / 67
Thalictrum minus L. / 69
Thalictrum petaloideum L. / 67
Thalictrum simplex L. / 69
Thalictrum squarrosum Steph. ex Willd. / 68
Thermopsis lanceolata R. Br. / 133
Thesium chinense Turcz. / 17
Thesium longifolium Turcz. / 17
Thesium refractum C.A. Mey. / 18
Thlaspi arvense L. / 90
Thlaspi thlaspidioides（Pall.）Kitag. / 90
Thymus serpyllum L. var. *asiaticus* Kitag. / 219
Thymus serpyllum L. var. *mongolicus* Ronn. / 220
Tragopogon orientalis L. / 305
Tribulus terrestris L. / 164
Trifolium lupinaster L. / 139
Trifolium pratense L. / 140
Trifolium repens L. / 139
Triglochin maritimum L. / 322
Triglochin palustre L. / 322
Tripolium vulgare Nees / 256
Trollius ledebouri Reichb. / 65
Typha latifolia L. / 320
Typha minima Funk / 320

U
Ulmus macrocarpa Hance / 13
Ulmus pumila L. / 14
Urtica angustifolia Fisch. ex Hornem. / 16
Urtica cannabina L. / 15
Utricularia vulgaris L. / 236

V
Vaccinium uliginosum L. / 191
Vaccinium vitis-idaea L. / 191
Valeriana alternifolia Bunge / 242
Veratrum dahuricum（Turcz.）Loes. f. / 367
Veratrum nigrum L. / 366
Veronica anagallis-aquatica L. / 229
Veronica dahurica Stev. / 228
Veronica incana L. / 227
Veronica linariifolia Pall. ex Link / 227
Veronica longifolia L. / 229
Veronicastrum sibiricm（L.）Pennell / 226
Vicia amoena Fisch. var. *oblongifolia* Regel / 156
Vicia cracca L. / 155
Vicia multicaulis Ledeb. / 157
Vicia pseudorobus Fisch. et C. A. Mey. / 156
Vicia unijuga R. Br. / 157
Viola dissecta Ledeb. / 174
Viola mirabilis L. / 173
Viola variegata Fisch. ex Link / 175
Viola yedoensis Makino / 174
Viscum coloratum（Kom.）Nakai / 18

W
Woodsia ilvensis（L.）R. Br. / 6

X
Xanthium mongolicum Kitag. / 262
Xanthium sibiricum Patrin / 261

Y
Youngia tenuifolia（Willd.）Babc. et Stebb. / 316

Z
Zizania latifolia（Griseb.）Stapf / 326